"科学的力量"丛书
Power of science
第三辑

U0397772

国家出版基金项目

十四五"时期国家重点出版物
出版专项规划项目

Brave New Arctic

The Untold Story of the Melting

直面新北极

——北极消融背后鲜为人知的故事

[美]马克·赛瑞兹 著

秦大河 效存德 马丽娟 何 悦 徐新武 译

上海教育出版社
SHANGHAI EDUCATIONAL
PUBLISHING HOUSE

彩图1 这是海冰过去的样子。这是1981年春季美国科学家罗杰·安德森在弗拉姆海峡北部的海军研究办公室弗拉姆三号营地的照片。罗杰和艾伦·吉尔一起花了两天时间,用凿子、铲子、梯子和桶挖了12英尺厚的冰后才挖出这个洞。科学家可以将仪器放入其中并测量其下的海水。这张照片有可能是汤姆·曼利拍摄的,也有可能是杰伊·阿代拍摄的,他们两人都来自拉蒙特-多尔蒂地质天文台

彩图2 1983年4月,加拿大冰川学家罗伊·弗里茨。科纳不畏寒冷,行进在溢出冰川上。该冰川一直延伸至德文岛冰帽。本书作者摄影

彩图 3　1991 年春天,在加拿大西北领土(现在的努纳武特地区)雷索卢特湾附近的海冰上,两名加拿大研究生注视着直升机空投燃料。本书作者摄影

彩图 4　1992 年 5 月,在雷索卢特湾附近的海冰上经受了一场令人印象深刻的春季暴风雪。由于 1991 年 6 月皮纳图博火山喷发,向大气中注入硫酸盐气溶胶,所以 1992 年加拿大高北极地区并未有真正意义的夏季。那时很少有人想到北极变暖。本书作者摄影

彩图 5　1982 年 5 月或 6 月，本书作者在"Zebra"站下载数据。该站大约位于圣帕特里克湾冰帽的中部。热敏打印机充电时，我们不小心把它烤焦了；后来所有的数据只能手写。雷蒙德·布拉德利摄影。本书作者提供

彩图 6　1982 年 6 月，在圣帕特里克湾冰帽边缘地带的营地，一种罕见的对流云飘过。该地区有足够的放电活动，足以打乱其中一台数据记录器。我们从来没有想到过在这么远的北极会发生这种事，我们必须将气象仪器接地。本书作者提供

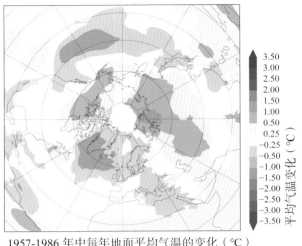

1957-1986 年中每年地面平均气温的变化（℃）

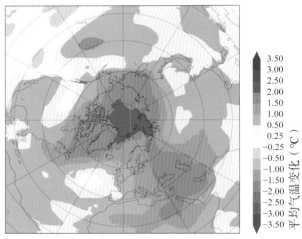

1987-2016 年中每年地面平均气温的变化（℃）

彩图 7　1957—1986 年(上图)和 1987—2016 年(下图)年平均地面气温(摄氏度)的变化。早期，北极以自然气候变化为主要特征(特别是与北大西洋涛动和北极涛动有关)时，北极的一些地区正在变暖，而另一些地区正在变冷。后期，到处都在变暖，而且北极的放大效应是显而易见的。亚历山大·克劳福德制作。本书作者提供

—— 1981-2010年海边边缘中值线

1980年9月5日北极海冰范围

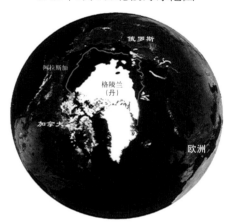

—— 1981-2010年海边边缘中值线

2012年9月17日北极海冰范围

彩图8　1980年9月5日，几乎是有卫星记录的初期，北极海冰范围达到夏季极小值(上图)。2012年9月17日(下图)，截至本书出版的最低记录。2012年9月的最小范围只有1980年的一半左右。橙色线表示1981—2010年海冰边缘的平均位置。美国国家航空航天局提供

彩图 9　阿拉斯加布鲁克斯岭的麦尔冰川，奥斯汀·波斯特拍摄于 1958 年（左图），马特·诺兰拍摄于 2004 年（右图）。美国科罗拉多大学国家雪冰数据中心提供。两幅全景照片之间显露的冰川退缩令人惊叹

彩图 10　阿拉斯加布鲁克斯岭的麦考尔冰川末端,奥斯汀·波斯特拍摄于 1958 年(上图),马特·诺兰拍摄于 2003 年(下图)。美国科罗拉多大学国家雪冰数据中心提供。两张照片之间显露的冰川末端的退缩令人惊叹

国 际 评 价

这本引人入胜的科普图书向我们展示了科研学者是如何理解北极变暖及其成因的……在回顾这一历程时,赛瑞兹并没有回避包括他本人在内的学术界在北极研究方面的失败。尤为特别的是,赛瑞兹和他的同事为自己在数据分析和解译的过程中的误读和学术"跟风"而道歉。赛瑞兹写道:"北极不会说谎。"但真相的确难以辨别。

——阿什利·谢尔比,《纽约时报》书评

赛瑞兹对北极挥手道别。在书中,他提到自己在20世纪80年代初期首次从事极地研究时,认可的是"全球变冷"。"在内心深处,我希望重现冰河时代,"他坦率地说……随着岁月流逝,冰川逐渐消融,赛瑞兹开始支持"全球变暖"。"如山的证据说服了我,"他说道,"然后我的观点发生了彻底转向。"据他预测,北极海冰将持续到2030年左右。"在夏末秋初,北冰洋将不再有海冰,这是肯定的。"他写道。

——伊丽莎白·科尔伯特,《纽约客》

直面新北极

《直面新北极》一书深入探讨了北极研究的最新进展，追踪了从20世纪70年代末到今天的科学线索，以展示我们对该地区气候和气候变化的理解……赛瑞兹在一个重要方面取得了成功：使北极科学人性化。他讲述了他的研究和与他一起工作的人的相关经历。科学家也是普通人，他的叙述呈现了这一点。

——《科学》

如果没有像赛瑞兹这样的学者对北极进行深入研究，我们就会盲目地走向一个可能非常危险的未来。

——蒂姆·弗兰纳里，《纽约书评》

赛瑞兹分享了他是如何偶然进入气候科学研究领域的经历；起初，他为什么会基于复杂的北极气候系统的观测数据，认为气候可能会变冷而不是变暖；年复一年，他如何基于逐渐积累的数据，确信全球变暖的事实及为什么他开始积极参与跟气候变化反对者作斗争的科学共同体中，反对者大多数出于政治动机。归根结底，赛瑞兹创作的是一个侦探故事；全球变暖的罪魁祸首是人类……这是一本基于证据且令人感到震惊的书，尽管作者并非一位天生危言耸听的科学家。

——《科克斯书评》

《直面新北极》一书对北极冰盖、冰帽和冰川融化的全球后果发出了响亮的呼吁……本书有时给人一种像侦探小说的感觉，讲述了作为主人公的科学家努力争分夺秒，试图对抗迫在眉睫的环境灾难的经历。多年来，他们都在与利己的政治家和企业家作斗争，这些人贪图从无冰海洋中更易获取的"资源"，他们借助于诉讼和削减资金支持来威胁重要的研究工作。同时，作者用一种忧郁的语调，为过去看到的冰封的风景唱起挽歌，这些景象将永远不会重现。

——《前言书评》

赛瑞兹展示了一部引人注目的关于气候科学研究史的纪实作品，作者目睹了这一切的展开。如果你认为你已经听到了这一切，再想一想，读一读这本书。

——《好奇的生物学家》

赛瑞兹提供了一系列科学"侦探"故事，展示了研究人员是如何得出这样一个无可避免的结论的：几个世纪以来人类所认知的北极已经永远消失了，一个新的北极正在取代它的位置……我们生活在"人类世"，正如赛瑞兹在这本简短而详尽的书中所展示的，今天的北极就是证据。

——大卫·詹姆斯，《安克拉治每日新闻》

直面新北极

赛瑞兹在讲述科学研究方面做得非常棒，他将复杂的科学概念描写得通俗易懂。

——凯特·加德纳，《物理世界》

从一线科学家的角度来讲述故事，使《直面新北极》一书的读者在阅读北极冰盖、冰帽和冰川消融背后鲜为人知的故事成为一种有趣的经历。

——阿德里安·勒克曼，《全新世》

赛瑞兹撰写的《直面新北极》一书对北极冰盖、冰帽和冰川消融的全球后果敲响了警钟。

——格雷厄姆·德尼尔，《天气》

杰出的科学家马克·赛瑞兹提供了一段引人入胜的历史，讲述了一个彻底的怀疑论者是如何理解人类在北极变化中所扮演的角色，以及他是如何为这一新认知作出贡献的。

——理查德·艾里，《两英里时间机器：冰芯、气候突变和我们的未来》的作者

气候学家马克·赛瑞兹为我们展现了近三十年来北极前所未有的变化，以及让我们理解了其因果关系背后蕴含的科学原理。《直面

《新北极》是一位目睹北极变迁的科学家的第一手资料,扣人心弦。

——简·卢布琴科,俄勒冈州立大学,美国国家海洋与大气管理局前局长

没有人比马克·赛瑞兹更了解海冰。在《直面新北极》一书中,他解释了气候变化是如何改变北极的,以及为什么气候变化对我们所有人都很重要。

——伊丽莎白·科尔伯特,《第六次大灭绝:非自然的历史》的作者

这是一本富有洞察力和趣味性的读物。赛瑞兹有一种天赋,他能从科学研究的战壕中写出雄辩而生动的作品。

——约翰·沃尔什,《恶劣而危险的天气》一书的合作者

赛瑞兹从一位冰冻圈科学领域中领军科学家的视角,描述了他和他的广泛研究的团体是如何认识到这些深刻的变化是源于人类对气候影响的结果。

——罗伯特·马克斯·福尔摩斯,伍兹霍尔研究中心

北极地区数十年的工作经历为赛瑞兹提供了大量的重要发现和观点。

——罗伯特·科里尔,全球环境与技术基金会

直面新北极

《直面新北极》一书是一部引人入胜、内容翔实的力作。赛瑞兹详述了他的个人旅程，向读者讲述了过去几十年中北极冰盖、冰帽和冰川消融的进展。

——克莱尔·帕金森，极地研究员

"科学的力量"
丛书编委会

（按姓名笔画为序）

"科学的力量"丛书(第三辑)

序

科学是技术进步和社会发展的源泉,科学改变了我们的思维意识和生活方式;同时这些变化也彰显了科学的力量。科学和技术飞速发展,知识和内容迅速膨胀,新兴学科不断涌现。每一项科学发现或技术发明的后面,都深深地烙下了时代的特征,蕴藏着鲜为人知的故事。

近代,科学给全世界的发展带来了巨大的进步。哥白尼的"日心说"改变了千百年来人们对地球的认识,原来地球并非宇宙的中心,人类对宇宙的认识因此而产生了第一次飞跃;牛顿的经典力学让我们意识到,原来天地两个世界遵循着相同的运动规律,促进了自然科学的革命;麦克斯韦的电磁理论,和谐地统一了电和磁两大家族;维勒的尿素合成实验,成功地连接了看似毫无关联的两个领域——有机化学和无机化学……

当前,科学又处在一个无比激动人心的时代。暗物质、暗能量的研究将搞清楚宇宙究竟是由什么组成的,进而改变我们对宇宙的根本理解;望远镜技术的发展将为我们寻找"第二个地球"提供清晰的路径……

以上这些前沿研究工作正是上海教育出版社推出的"科学的力量"丛书(第三辑)所收录的部分作品要呈现给读者的。这些佳作将展现空间科学、生命科学、物质科学等领域的最新进展,以通俗易懂的语言、生动形象的例子，展示前沿科学对社会产生的巨大影响。这些佳作以独特的视角深入展现科学进步在各个方面的巨大力量，带领读者展开一次愉快的探索之旅。它将从纷繁复杂的科学和技术发展史中，精心筛选有代表性的焦点或热点问题，以此为突破口，由点及面地展现科学和技术对人、对自然、对社会的巨大作用和重要影响，让人们对科学有一个客观而公正的认识。相信书中讲述的科学家在探秘道路上的悲喜故事，一定会振奋人们的精神；书中阐述的科学道理，一定会启示人们的思想；书中描绘的科学成就，一定会鼓励读者的奋进；书中的点点滴滴，更会给人们一把把对口的钥匙，去打开一个个闪光的宝库。

科学已经改变，并将继续改变人类及人类赖以生存的世界。当然，摆在人类面前仍有很多不解之谜，富有好奇精神的人们，也一直没有停止探索的步伐。每一个新理论的提出、每一项新技术的应用，都使我们离谜底更近了一步。本丛书将向读者展示，科学和技术已经产生、正在产生及将要产生的乃至有待我们去努力探索的巨大变化。

感谢中国科学院紫金山天文台常进研究员在本套丛书的出版过程中给予的大力支持。同时感谢上海教育出版社组织的出版工作。也感谢本套丛书的各位译者对原著相得益彰的翻译。

是为序。

南京大学天文与空间科学学院教授
中国科学院院士
发展中国家科学院院士
法国巴黎天文台名誉博士

方成

中 文 版 序

　　气候变化是 21 世纪地球上发生的重大环境事件。几十年来,我们目睹了气候变化对全球环境产生的影响。在北极,情况变得更严峻,那里的冰雪在不断减少,失去冰雪的北极就失去了灵魂。

　　科学家早就认识到,在全球变暖过程中,北极变暖最为显著。尽管如此,那里发生的事情仍然超出了人们的预料。北极的升温速度至少是全球平均值的两倍,我们将这一剧烈的增暖现象称为"北极放大效应"。北极地区的格陵兰冰盖、冰帽和冰川正在加速消融,导致海平面上升。北极海冰的范围正在减小,夏季和初秋尤甚,海冰的这一变化,再经过从浮游植物到北极熊的食物链的级联效应,影响了海洋生态系统。多年冻土(终年冻结的土壤)变暖和消融,灌丛和小树林开始出现在没有树木、狂风肆虐的苔原地区。频繁的冬雨在地面形成冰壳,阻碍了驯鹿和麝牛觅食,饥饿甚至死亡威胁着这些动物。忘掉那个站在不断缩小浮冰块上的北极熊的标志性形象吧! 北极发生的这些变化,影响深远。作为一个研究北极的气候学家,40 年来我有幸目睹了这一切。随着岁月推移,我的担忧和恐惧与日俱增。

　　很多人得知我过去对人类活动影响气候持怀疑态度时,都感到

直面新北极

十分惊讶。20 世纪 90 年代初,北极变暖的首个信号出现了,但我认为这是自然气候变率,即自然循环的一部分。温度变化可以用风向改变来解释,新证据包括海冰范围也在减小。面对这些证据,我认为它们与温室气体浓度升高无关。然而,科学已经证明,温室效应导致全球变暖是不争的事实,但我仍心存疑虑。

在 21 世纪早期,北极变化的证据已经毋庸置疑时,我试图探究发生变化的原因。2000 年,我与不同领域的领衔科学家合作,全面分析了北极变化的若干证据。得出的结论是,虽然观测到的许多变化与大气温室气体浓度上升一致,但也有不一致的。随着证据不断出现且越来越明显,我最终向无可争辩的证据投降,承认北极变暖的主要原因的确是大量使用化石燃料。

我第一次去北极是在 1982 年,那时的北极在很多方面还保留着 19 世纪和 20 世纪初北极探险家到来之前,原住民数千年来生活繁衍时的状态。当时我刚刚大学毕业,即将进入研究生院学习,刚好有机会参加加拿大北极群岛北部的埃尔斯米尔岛黑曾高原的两个小冰帽的研究。我虽然懵懂,但满腔热情,渴望成为一名气候学家。我最终实现了这个目标,开始在科罗拉多大学博尔德分校从事气候学研究。坦率地说,当时并不知道我会进入什么领域,也不知道北极会发生什么变化。

"心存质疑、追求证据、秉持客观",这是科学家的基本品质;早期的我对人类在北极变化中所起的作用持怀疑态度,属于"心存质疑"。当证据确凿时,我最终改变了观点。我秉持客观,但客观并不意味着没有感情。气候变化和北极正在发生的情况与个人感情息息相关。我现在已成为气候变化科学领域中的一名主流科学家。我大声疾呼，气候变化真实存在。北极发生的情况对地球上其他地方来说是前车之鉴，这里所发生的变化也会在地球上其他地方发生。

2016 年是我科学生涯中的一个重大转折点，因为我读研究生时研究过的加拿大北极地区的两个小冰帽正濒临消亡。那年夏季的一天，我在美国国家雪冰数据中心（NSIDC）的大厅里，与同事布鲁斯·拉普（Bruce Raup）讨论。他用高分辨率卫星数据绘制全球冰川和冰帽动态变化图，发现全球大多数冰川和冰帽都在变小，从而导致海平面上升。我突然想到，利用这些高分辨率数据分析加拿大北极地区两个小冰帽可能很有意思。北极地区多云，布鲁斯花了很长时间才找到了该地区无云的卫星图片。当他找到它们并放大到可以看清楚时，我们都惊呆了，两个小冰帽已经缩小成几个污化的冰块，肯定会在几年后消失。我多次考察这两个冰帽，熟知它们，感情深重，看到它们即将消亡，非常震惊。从那以后，我下定决心要让全世界都知道我们的星球，特别是北极正在发生的变化，成了我的使命，并促成了《直面新北极》一书的问世。

《直面新北极》一书描述了我作为气候学家，观察并试图捕捉北极变化的职业旅程。本书在很大程度上受加拿大北极地区两个小冰帽消失的启发，首先描述了早期，即古老的北极；其次描述了困惑的岁月，即我和科学界同仁开始意识到北极正在发生的变化，但仍试图理解变化的原因；最后把我们带到了现在，即围绕"北极变化对地球的其他地区意味着什么"这一问题，以及"是否能回到古老北极"问题而展开。这既是一系列极具探索性的经历，也是一系列关于人类如何进行科学研究的经历。最重要的是，它是一系列关于曾经的怀疑论者如何面对势不可挡的证据，最终看清真相的经历。

自从 2018 年《直面新北极》英文版出版以来，世界上发生了很多事情。正如预测的那样，两个小冰帽已经完全消失，只留给我转瞬即逝的记忆；其他冰帽肯定也会跟着消失。难以想象的热浪肆虐了北半球高纬度地区。在 2020 年夏季的一场史无前例的西伯利亚热浪中，俄罗斯维尔霍扬斯克（Verkhoyansk）北极定居点的气温上升到 37.8 摄氏度。由于持续的热浪，西伯利亚发生了大规模森林火灾。多年冻土的融化给北半球高纬度地区带来了越来越多的问题，如多年冻土内的地下冰融化、地表塌陷，使建筑、管道、机场跑道和道路等基础设施面临风险。最近的一个突出案例是，俄罗斯诺里尔斯克（Norilsk）附近的多年冻土融化，导致一个燃料储罐破裂，大量燃油泄漏到溪流和河流中。此外，灾难性的雪上冻雨使动物难以觅食，驯鹿放牧举步维艰。北极居民再也不能像过去那样依赖可预测的季节规律进行活动，他们正努力适应这一变化。但是，以上这些事情有可能仅仅是即将发生的更多更严重事情的一小部分。

对海洋来说，北极海冰范围持续缩小、变薄。北极居民和科学家用许多不同的词汇和短语来描述海冰，其中最贴切的是来自德国极星号（Polarstern）破冰船上的一位科学家，该船支持了长达一年的北极气候研究多学科漂流冰站（MOSAiC）的科学探险计划。这位科学家直白地说:"海冰正在消亡。"

北冰洋是一个被陆地包围的海洋。其最显著的特征是全年持续存在漂浮的海冰。然而,北冰洋很可能在夏季"失去"海冰。至于何时会出现这种情况,目前仍然存在着很多不确定性。虽然许多科学家认为人类会在21世纪40年代经历这一时刻,但它可能会发生得更早。

2020年9月,俄罗斯新一代核动力破冰船北极号(Arktika)首航。本想寻找厚冰来测试这艘船的破冰能力,却一路轻松航行,直到北极点。那年8月,在北极的大西洋一侧,无冰海域延伸到离极点不到5个纬度的地方,使破冰船北极号从容地航行到北极点。随着海冰的减少,沿俄罗斯海岸的北方航道将成为连接大西洋和太平洋的一条可行的捷径。北极资源丰富,海冰减少使易达性更强,各国逐渐认识到它的经济和战略地位,导致北极的国际紧张局势和军事化正在加剧。在我写这篇序的时候,俄罗斯刚刚宣称扩大其对北冰洋海床的主权,一直延伸到加拿大和格陵兰的专属经济区。如果获得成功,新的主权声索将带来对海底所有资源(如石油、天然气和矿产)的专有权。

我们已经进入了"人类世",一个人类对气候和环境产生主导影响的新时代,一个需要我们直面的新北极正在向我们走来。我们希望,人类有智慧,能联合起来成为一个地球大家庭,成为更好的地球环境保育者。

致中国读者

　　《直面新北极——北极消融背后鲜为人知的故事》是我从一名气候学家的个人经历角度讲述了我的职业生涯,以理解北极正在发生的深刻转变。它缘起于我头几年的工作,当时正值20世纪80年代初,北极在许多方面仍然是"旧貌"。之后,我和其他科学界的同仁见证了北极变暖、冰盖消失,却又难以理解其背后蕴含的原因,使我和我的同仁陷入困惑……2018年本书英文版出版时,答案已一目了然。五年后的今天,人们的疑问不再集中于北极迅速转变的原因上,而是集中于这种现象给地球其他地区带来的影响上。

　　本书不仅包含了一个个引人入胜的"侦探"故事,还描述了人类为解开气候科学之谜所做的探索和努力。此外,本书记叙了一位曾经心存疑虑的"气候变化怀疑论者"的转变。在面对这颗星球上化石燃料的燃烧造成灾难性后果的无可辩驳的证据,他看清了真相,并承担起传播真相的重任。

马克·赛瑞兹

美国国家雪冰数据中心主任、科罗拉多大学地理学教授、

科罗拉多大学博尔德分校环境科学合作研究所研究员

2023年9月

译　者　序

　　地理上的北极通常指北极圈(约北纬 66 度 34 分)以北的陆海兼备的区域,总面积约 2 100 万平方千米。北极具有独特的自然环境和丰富的资源,大部分海域常年被冰层覆盖。随着气候变暖,当前北极自然环境正经历快速变化。过去 30 多年间,北极夏季海冰持续减少,极端温暖天气频现,生物多样性受损;格陵兰冰盖融化,助推全球海平面上升。北极地区,无论在军事竞争、地缘政治或疆域划分等传统的安全领域,还是在资源、国际航运、生态安全等非传统安全领域,都已日益成为国际政治研究的关注焦点。

　　本书作者,美国气候学家马克·赛瑞兹教授,结合自己在北极地区 40 年的实地考察经验,在他的新作《直面新北极》一书中,从一位亲历北极变迁的科学家的角度,徐徐揭开了北极变暖的神秘面纱。这是一系列犹如侦探小说般的科研探险故事:自 20 世纪 80 年代初到今天,科学家们是如何寻找证据、追踪线索、了解并确认变暖事实的,又是如何在科学与政治的激烈博弈中抽丝剥茧,试图找到北极变暖原因的。当然,更为重要的是,作者向我们展示了真实的科学探索历程:科学家也是普通人,也会学术"跟风",也会出现失误,但科学是

直面新北极

会通过自我修正而逐渐发展的。

北极以往只对科学家和研究人员有吸引力。但自从 2007 年 8 月 2 日"北极-2007"探险队员在北极点海底插上俄罗斯国旗并放置装有写给后代的信的密封舱时起,北极的新一轮地缘政治争夺又被炒热,各方在北极地区举行的单边或多边军事演习此起彼伏。北极周边国家在各自北冰洋沿岸的军事部署也不断强化,且纷纷发誓要确保本国在北极地区的多种权益。中国在地缘上是"近北极国家",是陆上最接近北极圈的国家之一。北极的自然状况及其变化对中国的气候系统和生态环境有着直接的影响,进而关系到中国在农业、林业、渔业、海洋等领域的经济利益。2013 年 5 月 15 日,中国成为北极理事会的正式观察员国。北极理事会的这一决定使中国在决定北极未来方面拥有了一定的发言权。然而,北极的变化及其影响和响应是错综复杂的,已知的未知和未知的未知更使这种复杂性没了边界。

本书作者马克·赛瑞兹是一位北极气候和地理研究的资深专家,但此书作为一本科普读物,他娓娓道来,向读者介绍了北极研究的历史、现状和进展,语言简练直白又不失科学的严谨性。鉴于北极及其新近变化对自然和社会有极大影响,我们组织了冰冻圈科学领域的四位优秀的中青年科学家将此书译出,希望以此推动中国的北极研究。

秦大河

中国科学院院士

2021 年 1 月 12 日

前　　言

　　直到 20 世纪 80 年代,北极在很多方面还是那个困惑了人类几个世纪的北极。但是,在那之后的十年,全世界科学家都注意到了北极的变化。有证据显示,夏末海冰覆盖在退减,并伴有洋流的转变。尽管北极其他区域仍然很冷,但部分地区气温正显著上升,且天气形势出现令人困惑的变化,多年冻土也显示出变暖的信号。尽管很长时间后才意识到人类对气候的影响可能最先出现在北极,但正在发生的很多事情看起来仍像是自然气候循环。尽管如此,变化仍在继续。全世界许多领域的科学家是通过自我组织的过程找到答案的。其中有非常著名的发现,有很混乱的时期,也有争论。通过他们的努力,到 21 世纪 20 年代,关于北极的画卷将会变得非常清晰。我们正面临一个更加温暖且与以往完全不同的北极,夏季基本没有海冰,可能对全球气候和人类系统产生影响。本书讲述了正在变暖的北极。作为一位见证北极变化的气候学家,本书内容大部分是从我*自己的角度,以及这些年我认识并一起工作过的那些科学家们的角度来讲述的。

---

　　*译者注:指本书原作者马克·赛瑞兹(Mark Serrez).

目　录

目 录

第一章

开端

　　生活中的转折点往往是在事后才意识到的。我*人生的转折点发生在 1981 年。1978 年开始我将天文学和物理学作为自己的专业，但由于各种原因，均未能通过考核，于是我决定改换专业。在蹉跎了这段岁月后，我终于在马萨诸塞大学安姆斯特分校（University of Massachusetts Amherst）获得了自然地理学专业的学士学位。好的方面来看，有地理学学位总比没有学位好。但是，我还没有掌握足够的科学知识就去找工作，朋友们也对我有些担忧。

　　幸运的是我的决定非常正确。我在恰当的时机出现在恰当的地方，最终抓住机会去了当时世界上少有人冒险的地方。六个月后，我坐上了装备有滑雪板的双水獭飞机，前往加拿大北极地区的埃尔斯米尔岛（Ellesmere Island）东北部，对两个冰帽进行详细研究。我开

---

*译者注：指本书原作者马克·赛瑞兹，下同。

始对北方着迷,决定成为一名北极气候学家。我当时未曾想到,到2016 年这两个冰帽消融殆尽,成为北极变暖的牺牲品。我也未曾想到,成为一名气候科学家使我抢得先机,有机会早早注意到北极正在发生变化,并成为不断壮大的科学家队伍中的一员。我们首先研究各种相互矛盾的证据,弄清正在发生的情况,最终得出结论:一场彻底的变化正在发生。以前,只是一部分热爱冰雪的科学家研究北极气候,没想到如今北极已成为探索全球气候变化影响的中心,并涉及世界各地科学家之间的合作。

课程学习

那是一个雨天的下午,我得知地质与地理系副教授雷蒙德·布拉德利(Raymond Bradley)博士正在教授两门高级课程:气候学和古气候。[1]听起来很有趣,于是我都报了名。

从小学开始,我就知道与过去相比地球的气候是有变化的,但在学习雷蒙德的课程之前,并不真正知道这些变化会与地球轨道的周期性变化、大气温室气体组成、火山爆发、太阳辐射变率和气候反馈相关。课程借鉴雷蒙德自己的部分研究成果,涉及北极过去和现在的气候。1972 年雷蒙德在读研究生时,完成了第一篇研究论文。[2]他发现,全球变暖趋势从 19 世纪 80 年代开始,在冬季和北极尤为明显,在 20 世纪 40 年代转变为降温趋势。他后来研究了加拿大高北

开　端

极地区从 1963—1964 年开始的一次相当突然的变冷,推测可能与 1963—1964 年阿贡火山喷发到高层大气中的大量尘埃有关。[3] 阿贡火山位于印度尼西亚巴厘岛,是一座非常活跃的活火山。雷蒙德和其他人提到的变冷最后被证明是短时的,但一度助长了媒体的猜测,即地球可能正在进入一个长期的变冷阶段。我对暴风雪很感兴趣,因此变冷星球的想法对我很有吸引力。课程的一部分内容也涵盖了气候快速转暖,如根据莫纳洛阿观象台(Mauna Loa Observatory)的观测,由于大气中二氧化碳浓度的上升,地球开始变暖,极地地区最为显著。不过,内心深处我还是希望能进入一个冰期。

我跟迈克·摩根(Mike Moughan)是好朋友,他比我大几岁,是雷蒙德的研究生。迈克利用学校的 CDC 网络系统大型计算机,处理了加拿大北极各地["雷索卢特湾(Resolute Bay)""阿勒特(Alert)"和"尤里卡(Eureka)"]气象站的温度和降水数据,研究该地区气候变率和近期趋势。他在做真正的气候研究,常常带着电脑打印的照片穿梭于莫里尔科学中心的大厅,或带着有重要数据的磁带前往计算中心,看起来很酷。

我很想参与其中。正在此时,迈克决定不再读研究生,这让雷蒙德陷入困境。经迈克推荐,雷蒙德决定雇用我去完成迈克的工作。工资还不错,每小时五美元。迈克给我演示了如何登录 CDC 网络系统大型计算机,以及如何编辑他一直使用的 SPSS* 程序。经过一段

---

* 译者注:指一种统计产品与服务解决方案软件包。

时间的艰苦学习,我能为雷蒙德提供数据图表。于是,我就像以前的迈克一样很"酷"地穿梭于大厅、往返于计算中心。

1982 年初,雷蒙德询问我对自己未来的计划,并说他需要一名外勤助理,准备为即将到来的北极夏季工作。他还建议我申请读研究生,接替迈克。我欣然接受了这个建议。

雷蒙德的项目是重建伊丽莎白女王群岛(Queen Elizabeth Islands)的冰川变化历史。该地是加拿大北极群岛的一部分,曾隶属于西北地区(the Northwest Territories),现在隶属于努纳武特地区(Nunavut)。项目涉及重建和分析北极湖泊沉积物,包括一系列称为波弗特湖(Beaufort Lakes)的淡水湖,临近埃尔斯米尔岛的东北海岸。这是雷蒙德与埃德蒙顿大学(University of Edmonton)的约翰·英格兰(John England)博士长期合作研究的项目。

雷蒙德向美国国家科学基金会(National Science Foundation,缩写为 NSF)提交了一份附加项目申请并获支持,研究黑曾高原(Hazen Plateau)上一对海拔约 1 000 米的小型冰帽及周边环境(图 1)。美国国家科学基金会与医学领域的国家卫生研究院(National Institutes of Health)并列,是资助非医学领域的基础研究和教育的主要联邦机构。

1975 年科罗拉多大学博尔德分校(University of Colorado Boulder)的杰克·艾夫斯(Jack Ives)提出了更新世大陆冰盖形成理论[4],附加项目的目标是阐明这一理论。我们知道,在过去的大约两百万年中,经历了一系列大的冰期,冰期之间被类似于像今天这样温

开 端

图 1　埃尔斯米尔岛东北部和黑曾高原圣帕特里克湾冰帽的位置，靠近圣帕特里克湾(S.P.B.)和波弗特湖(B.L.)。来源：Bradley, R. and Serreze, M(1987), Topoclimatic Studies of a High Arctic Plateau Ice Cap. Journal of Gllaciology, 33 (114), 149－158

暖的间冰期分隔开。艾夫斯的想法是，古北美大冰盖，最近的一次是劳伦泰德冰盖(Laurentide Ice Sheet)，约在 25 000 年前最大，最初形成于加拿大拉布拉多-恩加瓦高原(Labrador-Ungava plateau)上的积雪。海拔越高，气温就越低。在一定的海拔高度，由于温度足够低，冬天的降雪直到夏季也没有融化。这个海拔就是雪线高度。若气候因某种原因变冷，雪线就会下降到高原大部分表面的海拔高度以下。

　　雪线海拔降至高原表面水平以下，将提高地表反射(即反照率)，减少太阳辐射的吸收,进而使高原上空的气候更冷,使来年夏天有更多高反照率未融化的积雪留存,年复一年,越来越多未融化的积雪最终压缩成冰,形成冰川,然后聚结,最终形成冰盖。由于积雪通过高反照率反馈机制不断增多,加速了冰川的形成,这一过程称为快速冰川化。早在 1875 年,詹姆斯·克罗尔(James Croll)在他的专著《气候与时间的地质关系:地球气候的长期变化理论》中就把反照率反馈看作是主要的气候变化过程,上述过程反之亦然——温暖的环境会导致雪冰的减少,降低反照率,进而加速变暖。

冰期和间冰期的周期性转换表明气候驱动本身就是一个循环过程。1976 年,詹姆斯·海斯(James Hays)、约翰·伊布里(John Imbrie)和尼克·沙克尔顿(Nick Shackleton)根据大洋沉积物岩芯记录,提出了令人信服的证据,证明更新世的主要冰期和间冰期是由被称为米兰科维奇旋回的地球轨道变化"调控"的。[5]这些周期以塞尔维亚地球物理学家和天文学家米卢廷·米兰科维奇(Milutin Milankovitch)的名字命名,是指地球轨道偏心率(偏离圆形)、地轴倾角(倾斜度)以及影响太阳辐射到达大气层顶部的昼夜平分点(岁差)的时间的变化。虽然早在 19 世纪就已经出现解释气候变化的天文理论,但是它们还没有得到观测证实。作为起搏器理论的米兰科维奇周期还指出,有利于冰盖形成的轨道条件(尤其是北半球高纬度地区的凉爽夏季)将启动各种气候反馈,加速降温,反照率反馈只是其中之一。现在人们知道,碳反馈是一个重要问题——当降温时,二氧化碳从大气中释出并储存在海洋中,进一步加剧降温。

虽然米兰科维奇效应与雷蒙德在 1972 年发表的论文中讨论的北极变冷无关,但通过其与反照率反馈的潜在联系,这种变冷是推动冰帽研究的关键科学问题之一。雷蒙德回忆说:"现在看起来有些误导,尽管当时巴芬岛(Baffin Island)的冬天更寒冷、更潮湿,夏天更凉爽,积雪范围也在扩大。"

美国国家科学基金会资助的冰帽研究的方案是在两个冰帽中较大的一个上面建立一个气象站,测量气温、太阳辐射、反照率和其他变量。我们将这些测量结果与其他处于相似海拔且距冰帽边缘不同距离的地点上的测量值进行比较,分析这些差异从而得出冰帽如何影响当地的气候,以及影响的范围。这相当于验证快速冰川化所包含的部分观点。1982 年春天,我花费了大量时间来测试仪器和坎贝尔科学公司最先进的数据采集器(称为微记录器)。

前往北极

1982 年 5 月我们前往埃尔斯米尔岛。在此之前,借助极地大陆架计划我们把主要设备运到雷索卢特湾。该计划由政府管理,负责处理加拿大北部地区的后勤,多年来加拿大科学家乔治·D.霍布森(George D. Hobson)[6]主持该计划。我与雷蒙德的另一位研究生迈克·雷特尔(Mike Retelle)和他的助手迪克·弗润德(Dick Friend)先出发。他俩将在波弗特湖完成取芯工作。我们从康涅狄格州哈特福德(Hartford Connecticut)郊外的布拉德利菲尔德(Bradley Field)飞往蒙特利尔(Montreal),然后登上了一架笨重的737-200飞机,前往艾伯塔省(Alberta)的埃德蒙顿。这架飞机由太平洋西部航空公司("Piggly-Wiggly")运营。在埃德蒙顿的两天中,晚上我们和约翰·英格兰(John England)的一名研究生一起喝酒;白天我们逛了很多商店,在最后一刻采购完物品。大约一天后雷蒙德飞抵埃德蒙顿,他告诉我,我忘了托运便携式发电机,这可是个严重的疏忽。他还告诉我,我被研究生院录取了。

第二天一早,我们登上 Piggly-Wiggly 航班前往雷索卢特湾。这趟航班每两周一趟,经停黄刀湾(Yellow Knife),是一架特别装备的737-200C 飞机。极地大陆架计划大楼看起来很丑却很实用,我们计划在这里休整几天,然后乘双水獭滑雪飞机前往波弗特湖和冰帽。租飞机很贵,为了省钱,我们与来自埃德蒙顿的约翰·英格兰团队合作。他们将在格陵兰北极星岬角(Polaris Promontory)及周围工作,在罗伯逊海峡(Robeson Channel)的对面。该海峡将埃尔斯米尔岛东北部和格陵兰西北部隔开,是一条狭窄的海洋航道(图 1)。

由于天气不好,我们在雷索卢特湾待了将近一周。白天吃饭、看书、吃饭,然后去气象站看天气预报,晚上去雷索卢特湾酒吧。这家酒吧里有当地因纽特居民、基地人员、市民和军事飞行员(加拿大皇家空军)以及其他人。酒吧如同罗伯特·瑟维斯(Robert Service)在诗中的描述:肮脏、黑暗、喧闹、烟雾弥漫、性别歧视,而且不太安全。

天气终于开始好转,我们出发了。双水獭飞机飞得又低又慢,约

开　端

图 2　1982 年 6 月初,冰帽边缘的营地,覆盖着一层厚厚的积雪。本书作者提供

三个小时才能到达目的地,然而天气又突然变差,我们只好改道目的地的西边——尤里卡。接下来几天与在雷索卢特湾的情况基本相同,每晚去稍高级一点的 RCAF 酒吧。RCAF 酒吧有一条规定是,任何戴帽子的人要为所有人买一杯饮料,就像我第一次进来时那样的。我的钱不多,因此反复辩称自己是美国人,对此规定一无所知,从而幸运地逃过此劫。

　　天气情况稳定下来了,雷蒙德和我先行乘机出发。双水獭飞机降落在最大的波弗特湖(实际上是一个池塘)的冰面上,然后迅速卸下装备。飞机飞回尤里卡,接迈克和迪克以及其余的装备,又再次安全地降落在冰面上。接下来的两天,我们在波弗特湖建立了营地。天气状况仍然不错,雷蒙德和我带上相关装备,登上从尤里卡飞来的双水獭飞机，到黑曾高原看两个冰帽中更大的那个。那是个罕见的无云、无风的天气，气温可能在 5 华氏度*左右，高原上的新雪闪闪发光。飞行员把我们的食物、装备、炉子用的无铅汽油、发电机用的汽油和双向无线电留下，然后飞机轰鸣着飞走了。

建立营地和气象站花了大约一周时间。我们有一个大的铝框冰屋式帐篷用于起居和做饭，两个较小的帐篷供睡觉（图 2）。冰屋式帐篷中的一个科尔曼炉子，用于做饭和融化雪以提供饮用水，同时也是热源。我们未考虑到一氧化碳中毒的潜在风险。用于睡觉的帐篷中没有取暖设备，但有温暖的睡袋。

一切准备就绪后，我们开始详细调查冰帽上的积雪状况。黑曾高原与几乎所有的加拿大北极群岛一样，环境非常干燥，被称为极地沙漠。年平均降水量只有 200 毫米（小于 8 英寸），由于十分寒冷蒸发量也很低，因此在夏天，它是一个奇怪的潮湿沙漠。冰帽上积雪的深度通常在 30—50 厘米，几乎是上一年夏末以来的所有降水（降雪）。我们定期测量雪水当量，这需要将一根雪芯钻筒插到积雪底部，记录积雪深度，再将雪芯管拔出，将其中的雪样装入塑料袋，然后称重。根据积雪的深度和钻筒的横截面积，就可以确定积雪的体积。通过测量质量，我们还可以得到积雪的密度和水当量，即雪中实际含有多少水。这些数字告诉我们，在过去的秋天和冬天，冰帽上雪的累积量。

---

*译者注：约零下 15 摄氏度。

开　端

下一步是用手动冰钻将一系列铝制花杆插入冰中。通过测量冰面到花杆顶部的距离[在春季(融化开始之前)和夏末各测一次],并结合积雪调查信息,我们就可以确定夏天融化了多少冰。秋冬季质量增加与夏季损失量的差值代表冰帽的年物质平衡。正物质平衡意味着冰帽的增长(秋季和冬季的积累大于夏季的融化量);负平衡(夏季的融化量大于秋季和冬季的积累量)意味着冰帽的退缩。

1972年,尽管天气恶劣,加拿大科学家哈罗德·瑟森(Harold Serson)和杰米·A. 莫里森(Jamie A. Morrison)还是设法在冰帽断面上插入了8根铝制花杆——这是冰帽花杆测量的开始。当年夏末融化季节差不多结束时,杰弗里·哈特斯利-史密斯(Geoffrey Hattersley-Smith)和A. 戴维森(A. Davidson)再次察看了冰帽,发现冰帽和周围的高原完全被积雪覆盖,表明那年是正物质平衡。[7]这与1959年的情况大不相同,当时的高纬度地区高空照片显示冰帽上没有积雪,污化层暴露在黑色的苔原上,表明那年是负物质平衡。

我们的初步调查一结束,就进入轻松的日常例行工作。由于是极昼,每天24小时太阳照射,时间变得很奇怪。随着夏天的到来,苔原周围的积雪开始融化,之后是冰帽上的积雪开始融化。气象数据显示,冰帽正对当地气候产生很大的影响,这意味着我的研究生论文有东西可写了。我们做了进一步调查,并勘察了周围地区,包括两个较小的冰帽。

我完全沉浸其中,对测量结果和利用无线电向极地大陆架项目基地提供精确的天气报告而感到非常自豪。兴奋中也伴随着不安。

直面新北极

例如,有一天天气白茫茫一片,能见度大概有 30 米,雷蒙德和我外出从数据采集器上下载数据。半小时后,我们在雪地上发现了脚印,感到非常震惊。还有谁可能在这里? 俄罗斯间谍? 原来我们绕了一圈,脚印是我们自己的。

极昼的午夜,阳光依旧,品尝着有限的苏格兰威士忌,雷蒙德讲起早期北极探险时代的故事。有一些胜利科考的经历,如弗里乔夫·南森(Fridtjof Nansens),想把他那艘结实的"弗雷姆号(Fram)"小船,从新西伯利亚群岛海岸通过北冰洋浮冰群随海流漂流,进而确定大洋基本环流。还有很多悲剧的故事。雷蒙德是英国人,他十分迷恋约翰·富兰克林爵士(Sir John Franklin)探险船消失的故事:"厄里巴斯号(Erebus)"和"泰若号(Terror)"两艘船于 1845 年启程,目标是征服传说中的西北航道,这是大西洋和太平洋之间取道加拿大北极群岛航道的捷径,但未能抵达太平洋。后来在比奇岛(Beechey Island)发现了探险队和墓地的遗迹,似乎是 1845—1846 年全体船员(129 人)在那里越冬。有证据表明,当时最后出现了人吃人,这震惊了维多利亚时代的英格兰。1903—1906 年,罗尔德·阿蒙森(Roald Amundsen)与六个同伴乘坐"佳阿号"(Gjöa)船,最终征服了西北航道。他们花了两年半的时间在冰封的航道上航行。雷蒙德认为罗伯特·皮里(Robert Peary)从未到达北极点。弗雷德里克·库克(Frederick Cook)声称他在 1908 年 4 月,比皮里早一年到达北极点。

作为有抱负的科学家(即雷蒙德常说的"愣头青科学家"),我最感兴趣的是阿道夫·格里利中尉(Lt. Adolphus Greely)率领富兰克林

开　端

图 3　格里利率领的富兰克林夫人湾探险队的成员。格里利坐在前排(从左边数起第四位)。美国国家档案馆提供,照片编号 200 - LFB - 134

夫人湾(Lady Franklin Bay)探险队,1881 年远征埃尔斯米尔岛发现港(Discovery Harbor)的故事。这是第一次国际极地年(IPY)活动的一部分。1882—1883 年举行的国际极地年活动是为收集数据从而更好地了解北极环境的第一次重大国际行动,建立了 12 个科学站,包括发现港的所在地康格堡(Fort Conger),就在圣帕特里克湾(St. Patrick Bay)沿岸。虽然格里利探索过康格堡周围的大部分地区,但他从未提到过这些冰帽。也许在 19 世纪末小冰期末期寒冷的条件下,高原上覆盖着大量积雪掩盖了冰帽的存在。康格堡实际上是在 1875 年英国北极远征期间,由乔治·纳雷斯(George Nares)率领的"HMS 发现号(HMS Discovery)"船员首次越冬的地点。这次远征是一次经过史密斯海峡(Smith Sound)以到达北极点的尝试。虽然没有到达北极点,第一艘船"HMS 发现号"和第二艘船"HMS 警戒号(HMS Alert)"共同探索了格陵兰岛和埃尔斯米尔岛的大部分海岸。

格里利收到的命令是,如果救援船未能按时到达,他将带领探险队队员沿着海岸向南撤退。考虑到康格堡有充足的猎物,原本他的队伍能够在这里度过冬天。最终格里利执行了撤退命令。撤退过程正逢冬季来临,最初的探险队成员(图3)中,只有包括格里利在内的七人在 1884 年 6 月等到了救援船的到来。同时,一些气象记录保存了下来。

野外经历

我们的计划是一起在野外一段时间后,雷蒙德和我飞往格陵兰岛的北极星岬角。在那里雷蒙德与约翰·英格兰合作,而我与同伴克里斯(Chris)继续飞到波弗特湖,后徒步到冰帽。然而一场巨大的暴风雪打断了计划,我们被困在那里。7 月 4 日天气不错,我们从冰帽徒步 10 英里*,来到圣帕特里克湾附近一个隆起的冰前三角洲。事前通过无线电联系,一架"双水獭"飞机在那里等我们。飞机如期

———————————

*译者注:1 英里约等于 1.6 千米。

开　端

到达,我们按计划登上飞机,飞到北极星岬角,然后雷蒙德留下,克里斯和我继续飞到波弗特湖,与迈克·莱特尔和迪克·福润德一起度过一个晚上,后徒步回到冰帽。迈克与迪克陪我们走了一段路。路上我们遭到四只发怒的麝牛袭击。为阻止它们,我们的猎枪子弹击中了它们的头部,没想到更激起了它们的怒火,我们只好撤退到一座陡峭小山。最终克里斯和我顺利地回到冰帽,提前享用了原本用于庆祝凯旋的半瓶苏格兰威士忌。

我们扩大了考察范围,每周对雪冰状况进行调查。似乎这是一个负物质平衡的年份。考察期间,所有的雪都融化了,只留下裸露的冰和冰尘穴表面。冰尘是一种粉状的、风吹来的尘埃,由微小的岩石颗粒、烟尘和微生物组成。它颜色很深,因此反照率显著小于冰面。它们通常在冰面上聚集形成小孔,深几厘米,直径达 5—10 厘米,以前我从未见过。刚开始帐篷搭建在冰帽边缘附近,湿漉漉的,睡起来非常难受。最后,我们搬到了一个非常合适的地方。食物种类也逐渐减少,只有金枪鱼罐头、卡夫通心粉、奶酪以及法式青豆罐头。卫生条件很差,不过接近 0 摄氏度的气温对此还是有帮助的。7 月底我们离开冰帽时,黑曾高原秋天已经到来。我了解了冰帽的每一个角落、裂缝、海拔变化和状况,责任感和主人翁感油然而生。

一架直升机把我们带到康格堡。在那里我们与约翰·英格兰、迪克·福润德和迈克·赖特尔会合,等待双水獭飞机带我们返回雷索卢特湾。其间我们去了康格堡及周边地区。格里利那次不幸的撤退后,康格堡闲置。1899 年,罗伯特·皮里在北极点探险中到达这里。1905 年和 1908 年,皮里再次抵达康格堡。他拆除原来的三室堡垒,用木头建造了几座小型建筑,使之更适合当地的环境。之后,其他探险队也到达过这个地方。在我们逗留的几天里,兴奋地看到了格里利和皮里当年的景象:地面堆积了许多麝牛头骨,它们被射杀后食用。

时光匆匆,1983 年 4 月和之后的一年里,我有幸作为加拿大著名冰川学家罗伊·(弗里茨)·科纳[Roy(Fritz) Koerner][8]的助手,在梅根岛冰帽(Meighen Island Ice Cap)和埃尔斯米尔岛中部的德文冰帽(Devon Ice Cap)上进行物质平衡测量,获得了许多经验。例如,在德文冰帽顶部,我的鼻子和脸被冻伤,进而知道如何选用合适的装备。我还对埃尔斯米尔岛北端的沃德亨特冰架(Ward Hunt Ice Shelf)做了短暂调查,它可能是在北冰洋周围漂浮的一些平顶冰山(顶部是平的,像桌子一样)的来源,其中一些被用作科学观测的平台,如 Hobson's Choice[6]和 T3[也称为弗莱彻浮冰岛,以其发现者美国空军上校乔·弗莱彻(Joe Fletcher)的名字命名]。当冰川流入海洋时,形成平坦的漂浮冰架。冰架偶尔会从边缘断裂脱落,形成平顶冰山。虽然与南极大陆周围的冰架相比[有时会产生大小如特拉华州(Delaware)那样的平顶冰山,如 2017 年夏天从拉森(Larsen) C 冰架崩解产生的 A68 冰山],沃德亨特冰架很小,它仍

开 端

然是北极最大的冰架。如今它已所剩无几了。

1983 年 5 月底雷蒙德和我带着一名新的外勤助理（另外一名是迈克）回到冰帽区域，建立营地和气象站，等待融化季节的到来。数据显示，1982 年冰帽的物质平衡确实为负，所有的积雪都融化了，一些裸露的冰也融化了。因此，也许北极正像预期的那样升温。但与此形成鲜明对比的是，1983 年积雪未能融化，就像 1972 年哈特斯利·史密斯和瑟森所经历的那样。我们曾开玩笑地把 1983 年称为快速冰川化年，现在看来是正确的。我们进一步扩大了花杆布设网，以对将来的观测做准备，进而评估物质平衡（图 4）。我们还获得了高质量的气象资料。在我的硕士论文中，计划用两年时间来研究冰帽对当地气候的影响。雷蒙德在中途离开，整个夏天，迈克和我的野外工作富有成效。7 月底，我们把所有东西都打包好，像以前一样，乘直升机飞到康格堡，等待第二天双水獭飞机带我们回到雷索卢特。我们的食物储备几乎耗尽。最后一天晚上，我们吃了两罐法式青豆，还用枪捕获了一只北极野兔。

我再也没回到过那两个冰帽。我写了硕士论文，雷蒙德坚持论文纸至少要有 1 千克，并超过 200 页才能通过。我们最终写了几篇关于冰帽物质平衡和能量平衡的文章。之后我继续开展研究，并于 1989 年获得了科罗拉多大学地理学博士学位，开始了北极气候研究的科学生涯。

图4 1983年野外助理迈克·帕莱基(M.Palecki)在扩大花杆网时钻冰。本书作者提供

消失,消失,消失殆尽

30多年过去了,我在20世纪80年代初到过的那个北极正在消失。虽然没有忘记"我的"小冰帽,但是北极地区发生了很多事,我已跟不上它们的变化。2016年春天,我心血来潮,浏览了美国国家航空航天局(NASA)中分辨率成像光谱仪(MODIS)的在线卫星图像,但没有找到那两个冰帽。于是我找到美国国家雪冰数据中心的同事布鲁斯·拉普。布鲁斯参与了一个国际项目,利用来自美国国家航空航天局高级星载热发射和反射辐射计(ASTER)的卫星数

据,用更高的空间分辨率(15 米)绘制世界冰川和冰帽地图。我给了他坐标,找近年来夏季晴朗天气下的图像,那时明亮的冰帽应该会在高原表面突显出来。我终于找到了它们,简直不敢相信,它们几乎消失了。

1959 年的航拍照片显示,较大的冰帽面积为 7.48 平方千米,较小的冰帽面积约为 2.93 平方千米。2001 年 8 月,马萨诸塞大学的卡斯滕·布朗(Carsten Braun)和道格·哈迪(Doug Hardy——雷蒙德的两位研究生,返回冰帽并对其进行了详细的调查。此前铝制花杆插进冰层非常费劲,然而现在冰层都已融化,花杆倒在了地上。他们用便携式 GPS* 测量了两个冰帽的周长。到 2001 年,大冰帽和小冰帽的面积已经分别缩小到 1959 年面积的 62% 和 59%。[9]美国国家航空航天局 ASTER 卫星数据显示,截至 2016 年 7 月,两个冰帽仅是 1959 年面积的 5%(图 5)。它们现在只是冰坨——说得好听点叫"冰帽"。2014—2015 年发生了大幅退缩,似乎直接反映 2015 年埃尔斯米尔岛北部特别温暖的夏天,剩下的冰帽很可能会在几年内消失殆尽。

从现有的证据角度分析,冰帽可能形成于小冰期(约 1650—1850 年),最大范围比 1959 年观测到的要大数倍。自那时起它们的总趋势一直处于退缩,其间有几次短暂变大。没有人类活动的影响,最终它们可能也会消失,当然这也有一些争议。1983 年后,我去过

---

* 译者注:指全球定位系统,是一种以人造地球卫星为基础的高精度无线电导航定位系统。

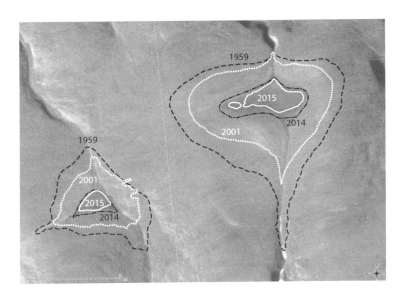

图 5　2015 年 8 月 4 日 ASTER 图像上的圣帕特里克湾冰帽,以及 2014 年 8 月(同样来自 ASTER)、2001 年 8 月(来自布朗和哈迪的 GPS 测量)和 1959 年 8 月(航空摄影)的冰帽边缘。本书作者提供

很多有意思的地方,但自从我看了 ASTER 的数据后,每天都会想到早年我在冰帽上的经历。它们已是我人生的一部分,当它们融化消失,我的人生似乎也在流逝。

未知水域

气候数据非常清楚。整个北极地区的地表温度上升速度是全球其他地区的两倍。北极夏季的海冰范围正在迅速减小,冬季的退缩也很明显。多年冻土正在变暖,一些地区的冻土层正在融化。北极冰川、冰帽和格陵兰冰盖的冰量都在减少，导致海平面上升。我在1983 年到过的沃德亨特冰架几乎消失。秋季初雪日推迟，春季融化季提前。降水的特征发生变化，雨雪混合导致大量驯鹿死亡。北极生态系统正在发生变化，近年来北冰洋秋冬季发生了前所未有的热浪。[10] 变化的力量似乎势不可当。展望未来，在 21 世纪内，也许二三十年后，北冰洋夏末不再有浮冰覆盖，海冰将只是一个季节性特征。让我踏上了北极气候科学事业道路的圣帕特里克湾附近那两个小冰帽，未来将永久地消失。

对许多人来说，相对于眼前的困难，如能够有饭吃，有房住，北极似乎是一个遥远的地方，北极发生的变化似乎不重要，这可以理解。但是，有些人，出于各种原因无视正在发生的事。还有些人，出于个人利益，否认并坚称这一切都是地球气候周期性变化的一部分。更有甚者，有人声称是科学家编造或夸大了这一切。这真的很愚蠢。

直面现实可能令人不快，但北极地区正在敲响警钟，不可忽视，不容迟疑。北极告诉我们，气候变化已经发生，这并不是未来某种模糊的或不真实的威胁。北极冰川融化清楚地证明了人类活动正在显著地影响着地球——地球进入了"人类世"。本书接下来几章会让我们了解到，甚至在 20 世纪 90 年代初，在很大程度上北极看起来还像一个古老的北极。科学界，包括我在内，花了至少十年时间，才得出结论，北极正在发生不可逆转的变化。自 21 世纪初以来，变化越来越快，越来越令人不安。变化的规模之大、范围之广，超出了我们的固有认知。人们的研究也进入了深水区。

如果用一个词来概括本书的主题,那就是复杂。北极系统的复杂性使人们对北极的未来以及对其边界以外的影响仍然存在很多未知的因素。北极的变化当然受到低纬度地区变化的影响,但它是否会反过来影响低纬度地区呢?北极放大效应——与全球其他地区相比,北极升温更快——这会影响低纬度地区的天气吗?这事已经发生了吗?冻土融化会导致大量碳排放到大气中,不仅会加剧北极地区变暖,还会加剧整个地球变暖。如果是的话,这将从什么时候开始,影响会有多大?格陵兰冰盖、北极冰川(包括冰帽)的融化肯定会继续推动全球海平面的上升,会上升多少?有一点可以肯定,随着北极越来越容易抵达,这里将成为一个更加繁忙的地区,海冰范围减小,航线开通,北极海底丰富的石油和天然气更容易开采。地区冲突也可能会加剧。

我们是如何到今天这个地步的?要回答这个问题,有必要先仔细研究北极的现状,然后回到最开始人们陆续注意到北极出现变化的时候。

第二章

面目全非

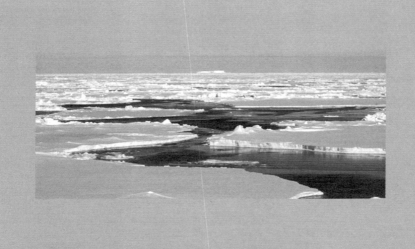

　　从全球角度分析,圣帕特里克湾冰帽濒临消失是不合理的。但是,它们的命运是过去几十年北极环境在陆地、海洋和大气方面显著转型的标志。北极已经变成科学研究的热点,并受到媒体的持续关注。冰冻圈,即各种形式的冰是北极的"灵魂",包括北冰洋漂浮的海冰、积雪、格陵兰冰盖、冰川和冰帽(总称冰川冰)、湖冰和河冰,以及多年冻土。北极的所有生命,包括动植物群落,都已经适应了与冰冻圈共生。因此,有一个数字格外重要,即冰的熔点,32 华氏度或 0 摄氏度。在北极发生的诸多事情都反映出温度相对于这个临界值在向上偏移。融化季正变得越来越长、越来越暖,而寒冷的冬天正逐渐消失。雪和冰的消失会在气候正反馈作用下使气候变得越来越暖。这是北极放大效应(即北极比地球上任何其他地方增暖都快)的一部分。正如上一章介绍的那样,这种现象会引发多种变化。气候变化的相关性多而复杂,但最终,北极由于冰冻圈消失,便会失去了它的"灵魂"。

关注北极

我自 2009 年起任美国国家雪冰数据中心主任,我们中心最受欢迎的网页是"北极海冰新闻和分析",它以追踪北极海冰每日变化为特色,讨论北极海冰当前状态相对于前几年的变化。[1]有卫星观测以来,夏季北极海冰覆盖范围快速减小,人们对此也越来越关注,该网页正是因此而开发的。其受众很广,从同行科学家到中学生都有。仅 2016 年,"北极海冰新闻和分析"网页就有 300 万点击量。从公众到媒体关于北极发生了什么的问题,几乎每天都会出现,尤其是在 9月份。那时大家都在关注海冰日变化图,都在期待那个季节最小值的出现。问题通常包括:"你们何时决定最小值?""会是新低吗?""我们为什么要关注海冰减少?""为什么今年没有新纪录?"我们也会反过来问读者一些问题,如"你们为什么要把全球变暖的神话延续下去?"

最近,美国国家雪冰数据中心开发了一个同类网页叫"今日格陵兰冰盖",主要跟踪冰盖表面融化的日变化,并讨论诸如"夏季融化范围如何变化""与冰盖物质平衡有什么关系""对海平面上升的贡献如何"这样的话题。[2]由于冰盖夏季融化范围增大,这个网页也很受欢迎。

美国国家雪冰数据中心用的是美国国防气象卫星项目(DMSP)F 系列卫星的被动微波数据。2016 年早期,美国国家雪冰数据中心计划切换到 F-19 星,即 F 系列最新的卫星的数据,但是 F-19 星突然死机了。卫星经常这样。然后,经过墨菲法则检验,我们过去一直使用的较老的 F-17 星的主要通道之一也变得不稳定了。所以,有几周时间,美国国家雪冰数据中心都不得不暂停发布海冰时空图,耳边充斥各种怨言和问题。网络喷子抱怨说我们想让海冰减少,正暗中做假账,好让数据显示海冰在减少。这些网络喷子我们能够处理。但是,最令人担忧的是我们一直用的 DMSP F-18 星,F 系列卫星中的最后一颗,也快不能使用了,且几年内可能没有合适的卫星替换。极有可能出现时间覆盖上的缺口。

美国国家雪冰数据中心不是独家发布北极变化最新信息的机构,伊利诺伊大学香槟分校(University of Illinois at Urbana-Champaign)也在维护其"今日冰冻圈"网页。[3]德国不来梅大学(University of Bremen)也基于日本"全球变化观测任务—水"卫星(GCOM-W)[4]搭载的高级微波探测辐射计 2(AMSR-2)提供北极海洋状况的最新图片。华盛顿大学(University of Washington)通过泛北极冰—海模拟和同化系统(PIOMAS)提供北极冰储量的最新模拟结果,被泛称为 PIOMAS。[5]

2006 年,美国国家海洋与大气管理局(NOAA)开始发布北极年度报告,目的是总结一年中北极发生的事件,并更新北极变化趋势。[6]这份年度报告覆盖全北极,内容包括但不限于温度和大气环流、海冰范围、大洋环流、海洋生态系统、陆地生态系统、积雪、多年冻土、冰川和冰帽、格陵兰冰盖、河流径流。它实际上是一个志愿行动,颇费心思地通过北极理事会北极监测和评估项目组织同行评议,确保报告只传递正确的信息。北极理事会是一个政府间组织,目的是促进北极国家、北极土著社区和其他北极居民间,尤其是在可持续发展和环境保护问题上进行合作、协作和互动。北极理事会有 8 个成员国:加拿大、丹麦、芬兰、冰岛、挪威、俄罗斯、瑞典和美国。美国在 2015 年 4 月至 2017 年 4 月期间担任轮值主席国。现任主席国芬兰将任职到 2019 年。*

北极国家(与北冰洋接壤的国家)现在已完全清醒地意识到北极发生的变化,有时还是蛮有趣的变化。2007 年,俄罗斯通过两个潜水器将其国旗插在北极的海底,意图对北极宣布主权,因而拥有那里未开发的油气田资源。俄罗斯坚称海下基本绵延到北极点的罗蒙诺索夫海岭(Lomonosov Ridge)是西伯利亚大陆架的一部分,那样的话,俄罗斯就对这个海岭及其周边海床享有独占权。因为得到俄罗斯总统普京的赞赏,这一行动被大肆吹捧。更严重的是,2015 年 1 月 21 日,时任美国总统奥巴马签署了一项行政命令,题为"通过国家努力加强各国在北极地区的协作"。援引其中的第一部分(政策)的第一段:"北极有着至关重要的长远战略价值、生态价值、文化价值和经济价值,我们在这一地区持续保护我们的国家利益刻不容缓,包括在国防、主权权利和责任、海上安全、能源和经济效益、环境保护、科学研

---

* 译者注:2019 年 5 月,冰岛接任轮值主席国;2021 年 5 月由俄罗斯接任。

究推广等方面的利益,以及维护国际法中对海洋权利、自由和使用方面的权益。"

当然,奥巴马并没有声明这项行政命令是基于北极冰冻圈正在消失这一事实。当前大部分关于北极战略和经济价值的相关话题是,海冰减少使北极通航、资源开采和其他活动变得容易,这当然只是其中一个方面。我们再仔细看看冰冻圈正在发生的变化,一些驱动因子的变化及其影响,以及一些其他关键变化。最好从北冰洋及其海冰开始,北极海冰减少和其他因子是如何影响北极放大效应的。然后我们再看陆地,如多年冻土和冰川冰发生了什么变化,最后看动植物群落。

海冰

北极冰冻圈最明显的变化是海冰范围和海冰量的减小。海冰范围被定义为被冰覆盖的海洋面积(海冰密集度在 15% 以上),卫星可以稳定地监测到。密集度指海冰覆盖的百分率。例如,一个给定的卫星网格(像元),冰占 30%、开放水域占 70%,则海冰密集度为 30%。自 1978 年末开始就有基于卫星被动微波数据(地表发射的微波辐射)编制的逐日海冰范围图了。微波辐射就是长波(厘米尺度)电磁辐射。相比较而言,我们能用肉眼感知的可见光波段辐射波长约为 400—700 纳米(1 纳米等于十亿分之一米)。那是相当短的,所以称为短波（或太阳）辐射。不同表面在不同波长和极化（垂直和水平）情况下发射的微波也不同，海冰发射的信号是非常特殊的。卫星被动微波传感器的伟大之处在于，不像其他依赖于可见光波段辐射的系统，微波可日夜感知辐射——要知道北极有半年时间是黑暗无光的。而且，用于探测海冰的微波类型几乎可以穿透云的遮挡，这很重要，因为北极的云基本上是非常多的。微波传感器的一个劣势便是空间分辨率低，虽然会漏掉一些细节，但是对监测海冰范围变化已经足够了。

海冰范围是随着季节更替而增大和减小的。这很典型，季节最大值出现在 3 月中旬，然后融化季开始，最小范围出现在 9 月中旬。一年中不同时间的海冰范围，以及每年最大和最小海冰范围出现的日期总是变化的。原因有很多，如气温、云覆盖、积雪、风的变化及影响海冰生消和移动方式的海洋热传输等都会影响海冰（我的某些学生缺乏学习热情，上课时呆呆地坐在那里，像一只受惊的溪鲑，海冰可不是那样地原地不动的）。

所有月份的海冰范围都有下降趋势。1979—2016 年（截至我写作时有多通道被动微波记录的全部时间序列），1 月和 2 月海冰范围下降速率分别约为每十年 3.2% 和 3.5%（相对于 1981—2010 年的月平均）。[7] 4 月到 9 月海冰的减少更加剧烈。融化季结束的 9 月，海冰范围减小趋势达到每十年 13.3%。9 月海冰趋势变化引起了广泛关注，不仅因为其减少最多，而且就海冰范围而言，9 月海冰是能够

面目全非

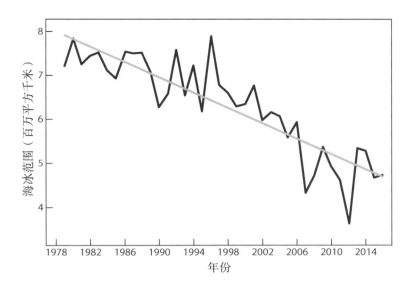

图 6　1979—2016 年 9 月平均北极海冰范围及其线性趋势。美国国家雪冰数据
中心提供

反映北极整体海冰健康状况的重要指标。从根本上说,所有秋季和
冬季海冰生长后,所有春季和夏季海冰融化后,还剩下什么? 那就
是 9 月海冰范围。冬季月份海冰范围趋势变化较小,因为即使在
增暖(也的确是在增暖),北极冬季仍然足够冷,使海冰能延伸到海
岸线的位置,但那里的冰是相当薄的,当年夏季就会全部消融
殆尽。

　　海冰的下降趋势并不均匀:每个月叠加在趋势上的变化是起起
伏伏的,反映了刚才说的天气和海洋条件的变化。有些年际变率是
相当大的。9 月平均海冰范围最低纪录出现在 2012 年,360 万平方

图 7   2012 年(白色)、1998 年(白色和浅灰色)、1980 年(白色、浅灰色和深灰色)9 月北极海冰范围。美国国家雪冰数据中心瓦尔特·迈耶(Walt Meier)提供

千米(图 6)。接下来第二年就有很大的跳跃,然后 2014 年和 2015 年9 月又下降,2016 年与 2015 年接近。但总体趋势是引人注目的,可以进一步将三个年份的海冰范围进行比较(图 7):1980 年(有卫星记录以来的第一年,里根开始其总统第一任期的时候),1998 年(卫星记录的中间年份,时任总统克林顿卷入莱温斯基性丑闻的年份)和

面目全非

2012 年(记录低值年,奥巴马开始其总统第二任期的年份)。1980 年
9 月平均海冰范围 780 万平方千米,约为美国国土面积减去麦凯恩参
议员家乡亚利桑那州(Arizona)的面积。2012 年海冰范围 360 万平
方千米,是 1980 年的 46%。不妨从国土面积上进行比较,2012 年的
面积需要在 1980 年的基础上减掉密西西比州(Mississippi)以东的所
有州、西部边界上的所有州,以及达科他州(Dakotas)、内布拉斯加州
(Nebraska)和堪萨斯州(Kansas)的面积(图 8)。而 2013 年、2014 年
和 2015 年,可能又要把刚才减掉的一些州的面积重新加入进行比
较,但问题是,卫星记录期间 9 月北极海冰所减少的,可不是想增加
就能增加回来的。

曾经有人利用较早的卫星数据(可回溯至 1972 年)及更早的船
舶和航空器报告,将海冰范围时间序列记录延长至 1979 年以前,甚
至 1850 年。所有这些分析都显示,被动微波覆盖期间海冰范围的减
小相比于其他时期的记录都是异常突出的。

然而海冰范围的减小并不是事实的全部。我们还要看海冰体
积,即范围(面积单位)和厚度(长度单位)的乘积。体积和密度又
决定了冰量(以千克为单位)。近年来,搭载在卫星和航空器上的
激光高度计和雷达高度计提供了这方面的信息。一些较长的记录
来自海底声呐——潜艇,它们通行于有冰覆盖的海底并运行仰视
声呐。第一份数据来自 1958 年美国鹦鹉螺号核潜艇 USS

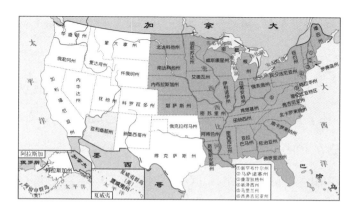

图8　1980年9月北极海冰范围等于美国国土相邻的所有州的面积减去亚利桑那州的面积。与2012年9月海冰范围相对应的面积需要再减去所有深灰色的州。美国国家雪冰数据中心瓦尔特·迈耶提供

Nautilus——美国第一艘核动力潜艇。之前提到的PIOMAS就基于一个耦合了海冰、海洋和大气，并吸收了多种不同类型观测数据的计算机模型，提供1979年以来的冰体积估算结果。尽管所有这些数据均各有优劣，计算机模型也从来没有完美的，但冰体积（冰量）正在降低是很明显的，不仅仅因为海冰范围在减小，而且因为海冰厚度在减小。正在变暖的大气和正在变暖的海洋共同驱动了海冰厚度的减小。

因为不同地点不同季节的海冰厚度差异很大，所以海冰的平均厚度并不是衡量海冰厚度变化的最好方法。例如，1978年4月以来的海底仰视声呐数据显示，出现概率最多的海冰厚度为2.5—4.0米，但也有更薄的，薄到像几厘米厚的胶合板一样，甚至更薄。在海冰厚

面目全非

度的概率统计分布图中有一条长长的尾巴,表明较厚的冰可达 10 米甚至更大。但是,多年以来,这种分布形态已经向薄冰偏移了,许多相当厚且可迅速恢复的冰已经消失了。

冰厚与冰龄是匹配的。在单一生长季(如在 10 月形成,冬季增长)形成的冰称为一年冰。有些一年冰在夏季消融殆尽,有些仍存在于北冰洋,经过东北格陵兰与斯瓦尔巴群岛(Svalbard Archipelago)之间的弗拉姆海峡进入北大西洋,并在那里最终消融。经过夏季融化季仍存余的海冰称为二年冰。这些冰在下一个秋冬季节通过底部增长的方式继续增厚。有些二年冰也会在接下来的夏季消融殆尽(上部和下部同时融化),或随洋流流出北冰洋,但有些会在夏末残存下来成为三年冰,并在接下来的秋冬季节继续增厚。其中的一些又会成为四年冰,以此类推。结果就是北冰洋遍布各种年龄等级的海冰,且基本上越厚的冰,冰龄越大。当然,这不是硬性规定。因为即使是一年冰,也很容易受周围冰的挤压而产生褶皱,形成冰脊。这种成脊过程可以形成非常厚的冰,这部分冰就是那种经过严苛的融化季后可能留存下来的一年冰。

冰龄可以用卫星数据来跟踪,现在甚至有 1985 年以来的冰龄数据记录。[8]过去,五年冰,甚至更老的冰都相当普遍,有的甚至是十年冰,但随着时间推进,海冰变得越来越年轻,越老、越厚等级(至少五年)的冰损失越严重,这与其他证据显示的变薄记录是一致的(图9)。

直面新北极

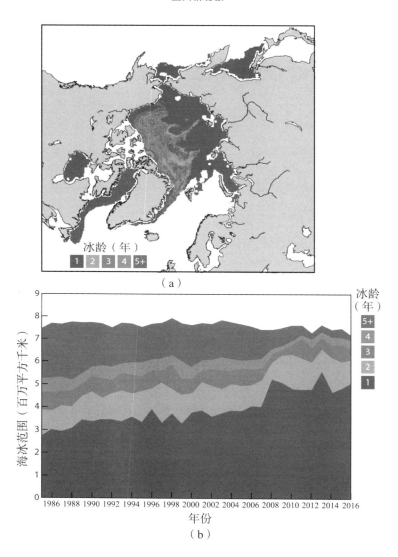

图9　（a）2016年3月中旬（第11周）海冰冰龄等级分布；（b）1985—2016年冰龄等级变化。美国国家雪冰数据中心瓦尔特·迈耶提供

北极放大效应

评估近几十年北极变暖程度的一种不太完美却十分方便的方法,是计算其近表面的气温变化。分析结果显示,北极的年平均增暖趋势大约是全球平均增暖趋势的两倍。这就是北极放大效应,是一件非常复杂的事。第一,北极放大效应有很强的季节性,总体来说秋季最强,然后是冬季和春季,但在夏季几乎是不存在的。第二,增暖幅度在北极的不同区域差异很大。第三,北极海冰减少是北极放大效应的已知驱动因子,但也涉及其他因子。

要想对北极放大效应进行定量计算,通常是说起来容易做起来难,因为在北极直接进行表面气温观测的点远不如所要求的多。但是,还是有人基于大气再分析数据(详见第四章)有效地总结了那里正在发生的事(图 10)。

秋季,增暖最大的区域在欧亚和阿拉斯加(Alaska)北部近海,这些区域也是夏季和秋初海冰范围减小最大的区域。北极正在变暖,这也是驱动北极海冰减少的原因之一。由于气候变暖,春季和夏季颜色较深的无冰水面的形成时间较过去早。这些开阔水域的反照率只有 10% 左右,也就是说它们可以吸收近 90% 的太阳短波辐射。然而,秋季日落后,在整个春季和夏季被海洋表层 20 厘米吸收的大部分能量(测量单位为焦耳)又被重新释放到大气层以使其保温(然后

直面新北极

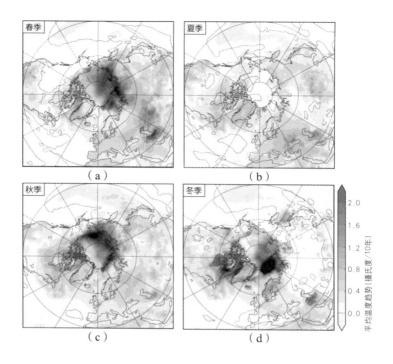

图 10　1979—2014 年表面 2 米气温变化趋势
(a)春季(b)夏季(c)秋季(d)冬季
美国国家雪冰数据中心亚历山大·克劳福德(Alexander Crawford)提供

其中一部分最终又被辐射到外太空)。大气环流(风)也会将热量输送到海冰消融区以外的地方。所以,当环境变暖使海冰减少时,海冰本身就会促进秋季气温的变化。

　　冬春季北极增暖的形式与秋季类似。到了冬季,欧亚和阿拉斯加北部近海的海冰再次增长,但冰要比原来的薄,这样就有不少热量从海洋向上输送到表层。北极大西洋一侧巴伦支海(Barents Sea)这

面目全非

种强烈的冬季增暖水团抑制了冬季海冰的形成,与相对暖的洋流从南部进入北极的效果相似。冬季当海冰覆盖了一定的区域,它实际上有效地阻隔了较暖的海洋与较冷的大气间的热量交换。移除海冰,海洋热量就可以加热大气。这就是冬季巴伦支海正在发生的一部分事情。

反照率反馈效应也有助于部分解释春季北极陆地区域的放大效应:春季北极积雪有减少趋势,意味着颜色较深的下垫面越来越多地裸露在外,稳定地吸收着太阳短波辐射,这进一步促进了增暖。与此形成强烈对比的是,夏季北冰洋的放大效应相当小,因为当海冰融化时,表层温度与冰的熔点相当,近地层空气不会发生显著变化。同时,因为水的比热容很大,尽管近地层大气获取了很多能量,夏季开阔水域的气温也不会发生显著变化。要使 1 千克水升温 1 摄氏度,需要 4 184 焦能量。这是很多的,而且在北冰洋表层有大量水。就像前面所说的,秋季北极一旦日落,海洋的热量就向上释放到大气中,这就是北极放大效应。

北极放大效应的驱动因子还有很多,有一些相对重要且也已搞清了其影响机理,如云覆盖和水汽。已经观测到北极大气中的水汽含量较过去增加了许多(在海冰减少区域增加最显著)。[9,10] 水汽也是一种温室气体,所以大气中水汽增多会产生与二氧化碳相似的温室效应。水汽吸收地表发射的长波辐射,通过碰撞加热大气,并向地表发射长波辐射。云有着与直观感受相反的效应。由于其高反射率,云的存在减少了地表吸收的太阳辐射,但它也像毯子一样减少了地表长波辐射向外太空的输送,不过云能十分有效地向地表发射长波辐射。对地球表面大部分地区来说,云总体上都是起冷却作用,但在北极,除盛夏外,云的毯子效应和向下长波辐射效应都起主要作用,所以北极的云主要起增暖作用。有证据显示海冰的减少有利于秋季北极形成更多的云。

北极放大效应的另一个驱动因子是,近地层大气并不容易与其上空大气混合,从而将热量都困在近地层,这是因为北极有强烈的逆温层,即从地面向上温度是升高的,而不是像其他地区那样是降低的。冬季逆温层顶,距地面1—1.2千米高度处,气温可能比地表高10摄氏度以上。北极的情况与导致洛杉矶盆地(Los Angeles Basin)致命的空气污染多少有点相似,那里逆温层也是常见的。大气环流变化也在其中起了作用。例如,观测到2015—2016年和2016—2017年冬季北冰洋极端热浪事件,就与大气环流形势异常导致很强的热量输送到这一区域有部分关系。同时,这些风暴也带来许多云和水汽。最后,还有一个神奇的现象称为普朗克效应,是以著名物理学家马克斯·普朗克(Max Plank)命名的。地球表面发射的长波辐射与温度的四次方成正比。为了平衡一定的辐射强迫(高温室气体水平强加于大气的),发射辐射会增加,即地表温度会升高,而且环境大气越冷需要的升温幅度越大。例如,在气温30摄氏度情况下,1瓦/平方米(1瓦为1焦/秒的能量通量)的外部辐射强迫需要

0.16 摄氏度的增暖来平衡,然而在−30 摄氏度的情况下就需要增温
0.31 摄氏度才能平衡。北极比热带地区冷,所以普朗克反馈也会导
致北极放大效应。[11]

　　图 10 最后需要说明的一点是,为什么要从 1979 年开始? 图 6 也
是。事实证明,1979 年是数据智能化非常重要的一年,尤其是北极。
1978 年 11 月标志着全球天气实验的发起,最初称为 FGGE,即 GARP
全球实验(GARP 是全球大气研究项目)。很不幸,FGGE 就是科学家
都喜欢的那种嵌套缩写。全球天气实验是一次大胆的国际冒险,但大
大提高了对地观测。当科学界开始拥有一系列在轨卫星,使系统监测
环境(如海冰)成为可能时,它标志着被视作当代卫星纪元的开始。一
些重要的和相关的观测项目也同时启动,如在西雅图(Seattle)的华盛
顿大学发起北冰洋浮标项目,目的就是在北冰洋海冰覆盖区部署浮标
观测气温、海平面气压和流冰,后来成为国际北极浮标项目。[12]

多年冻土

　　关于北极放大效应,尽管还有许多问题需要解决,但它对北极环
境的影响是不可否认的。想想北极多年冻土。过去几十年横穿北极
点的钻孔观测结果显示,多年冻土温度正在普遍升高,而且靠近多年
冻土南界的一些地区,多年冻土正在融化。至少在阿拉斯加,越往北
多年冻土升温速率增加越快,一部分原因是北极放大效应也是向北

增强的。南部升温较小的另一个原因是，融化开始时地下冰变成水带走了能量，否则这些能量就增加了土壤的温度。

多年冻土融化对地貌景观有巨大影响，导致地面、建筑、道路和包括管道在内的基础设施发生弯曲和滑塌。从阿拉斯加北部普拉德霍湾（Prudhoe Bay）到南部海岸瓦尔德斯（Valdez）的输油管线，就建在正在变暖的多年冻土上。

海岸侵蚀的中心问题是海冰减少、气候变暖和多年冻土融化的相互作用。北极海岸本应是冻结沉积物——多年冻土。过去几十年，当夏季风暴来临时，海冰的存在会限制大海浪的出现（海冰会吸收波能），所以海岸侵蚀并不是大问题。如今，海冰少了很多，风可以在开阔水域吹很远的距离，这就产生了大浪和风蚀作用。同时，海水增暖了，海浪带来热蚀，加速了多年冻土融化。而且，多年冻土本身也在变暖。这是三重打击。

科罗拉多大学北极和高山研究所（Institute of Arctic and Alpine Research）的伊琳娜·欧维姆（Irina Overeem）及其同事一直在研究阿拉斯加北部波弗特海（Beaufort Sea）的海岸侵蚀问题。[13]他们估计，巴罗角（Point Barrow）到普拉德霍湾海岸线的中间部分，侵蚀速率可达到每年9—14米。这一区域的绝壁约有3.6米高，是由冻结的淤泥和泥炭块组成的。夏季，海浪会使其底部融化出一个缺口，并最终摧毁底基。于是，淤泥和泥炭块就会倾泻到波弗特海温暖的海浪中，在数日之内完全融化，暖海浪会把剩余的淤泥和泥炭块也卷进大海中（图11）。

图11 科罗拉多大学博尔德分校北极和高山研究所的伊琳娜·欧维姆,北极海岸侵蚀首席研究员,站在阿拉斯加北部的德鲁角(Drew Point)附近受侵蚀的海岸线。北极和高山研究所鲍勃·安德森(Bob Anderson)提供

冰川冰

在加拿大埃德蒙顿艾伯塔大学马丁·夏普(Martin Sharp)教授的带领下,一个国际小组对格陵兰之外的山地冰川和冰帽进行了新一轮评估,作为2013年美国国家海洋与大气管理局北极年报的一部分内容。像在圣帕特里克湾冰帽那样,他们将花杆和雪水当量观测结果直接用于评估冰川物质平衡,需要大量的人力,但夏普教授团队

45

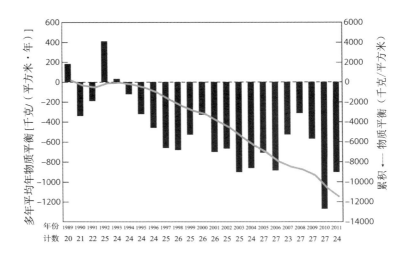

图12 1989—2011年北极平均年(柱状)和累积(粗实线)物质平衡(基于2013年1月报告给世界冰川监测服务处的北极冰川所有可用的年观测数据)。计数是指所分析的冰川条数。1千克/平方米相当于1毫米水。根据马丁·夏普等人的文章改绘。来源:Sharp. M., G. Wolken, M.-L. Geai et al.(2013), Mountain Glaciers and Ice Caps(outside Greenland), Arctic Report Card:updated for 2013

就用这种方法完成了20多条冰川的分析。综合来看,至少从1989年开始,冰川就处于明显的物质亏损状态了(图12)。虽然这只是北极冰川的一小部分,但是许多证据表明它们可以反映整个北极冰川的变化,而且与全球冰川和冰帽物质亏损是一致的。当然,总会有些奇怪的冰川或冰帽表现出前进或稳定,但属于例外情况。

至本书*付梓,1998年以来估算的格陵兰冰盖物质平衡将至少有30个不同结果。这一工作的大部分都依赖于卫星和航空遥感;在

————————

* 译者注:指原著。

面目全非

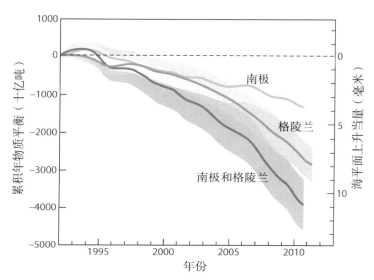

图 13　1992—2011 年格陵兰冰盖、南极冰盖,以及两者合计的累积年物质平衡及海平面上升当量。来源:Shepherd, A., E.R. Ivins, G.A. Valentina, et al. 2012, A reconciled estimate of ice-sheet mass balance, Science 338 [经美国科学促进会 (AAAS) 同意翻印]

圣帕特里克湾这种小冰帽上做的这类简单观测工作,若放到冰盖上进行根本不现实。卫星遥感观测的工具包括美国国家航空航天局重力恢复和气候实验卫星(GRACE)的重力测量计,美国国家航空航天局冰、云与陆地高程卫星(ICESat)和冰桥行动航空器的激光高度计,欧洲空间局冰冻圈卫星(CryoSat - 2)和干涉合成孔径雷达(InSAR)的雷达高度计。

　　重力恢复和气候实验卫星非常好。它利用两颗完全相同的卫星,其中一颗跟随另一颗,并保持约 220 千米的距离。局地的重力场通过测量这两颗卫星间的距离变化来获取,两者之间的距离发生变化的原因是当每颗卫星经过重力异常地区时,万有引力都会发生变化。尽管在空间上是重复扫描,且有很多数据处理工作要做,但可以确定重力场随时间发生的变化,其反映的主要是陆地储水量的变化。以格陵兰为例,其储水量的变化与冰川消融有关。相比之下,高度计和雷达观测到的冰盖高度和海冰厚度变化,反过来又与物质平衡有关。探地雷达可获取从冰盖流出的单个大冰川的厚度。干涉合成孔径雷达还可用于获取冰盖及其周围冰川的表面流速。但是,在 2017年末,重力恢复和气候实验卫星的电力耗尽,无法正常工作,美国国家航空航天局已在规划其替代品。

卫星和航空器信息以及地表观测数据已经被完全应用到区域气候模式中。由于所研究的时段和所用技术不同,估算的物质平衡变率也很大,但毫无疑问的是格陵兰冰盖的物质平衡已经转负,这意味着格陵兰冰盖是净亏损的,促进了海平面上升。这与冰山崩离进入海洋(几乎可以肯定,正是格陵兰的一个冰山使号称永不沉没的泰坦尼克号邮轮在 1912 年发生了沉船事故),以及地表径流均有关系,而后者被证明正起着主导作用。近期,格陵兰冰盖消融速率比南极冰盖大,且格陵兰冰盖的消融正在加速。2012 年,冰川学家安德鲁·谢泼德(Andrew Shepard)与多位科学家合作,并结合过去的研究成果给出冰盖物质平衡的最佳估算曲线。[14] 图 13 显示格陵兰和南极冰盖,以及两者合计的累积年物质平衡(单位:十亿吨)和海平面上升当量(单位:毫米)。格陵兰冰盖消融速率加大十分明显。十亿吨代表

面目全非

1 立方千米的水,即每边长 1 千米的立方体的水。

水更多了

如今北极水循环也加速了。尽管北极水体仅占全球海洋总体积的 1%,北冰洋还是很特殊,因为全球河流流量约 10% 流入北冰洋。这些流量是由少数大型河流贡献的,其中四条最大的河流是俄罗斯的鄂毕河(Ob)、叶尼塞河(Yenisey)和勒拿河(Lena),以及北美的马更些河(Mackenzie)。自 20 世纪 30 年代有可靠记录以来,欧亚最大河流供给北冰洋的流量整体上是增加的。北美河流的流量记录是从 20 世纪 80 年代开始的,与欧亚记录相比,虽然不同河流及不同年份的贡献流量变化很大,但是总体上也是增加的。[15] 流量的变化可以很好地用净降水量(扣除蒸发后剩余的降水量)增加来解释。北极增暖也意味着蒸发量加大,但是降水量的增加更大。

河流流量特征也发生了变化。由于秋冬积累的积雪的融化,流入北冰洋的径流量在春末夏初有一个较高的峰值,随后在整个夏季和秋季下降,称为基流。由于气候变暖,春季的径流峰值悄然提前。这与卫星观测到的过去几十年北半球北部陆地积雪减少的结果一致——加拿大环境部(Environment Canada)科学家克里斯·德克森(Chris Derksen)的研究表明,1979—2015 年北半球北部陆地积雪覆盖显著减少,平均每十年减少 17%。这一分析所用的被动微波数据与监测海冰覆盖所用的数据是相同的。

动植物

改进的甚高分辨率辐射计(AVHRR)传感器数据始于 1982 年,被计算成归一化差分植被指数(NDVI),广泛用于评估光合活性。构建这一指数的基本原理是不同的绿色植物可以反射不同波长的光。归一化差分植被指数分析显示,1982—2012 年苔原植物明显变绿,这与北极增暖和生长季延长导致植被长势变好是一致的。自那时起,即使是人类认知更少的其他季节,其植被形态也已经发生了方向性变化。在整个记录时期,也有一大片区域显示的是植被变差(见2015 年北极年报)。有迹象显示,一些区域已经响应气候变暖,经历了从苔原到灌丛植被的过渡,即灌丛化,但趋势并不十分清晰,而整个北极景观有很大变化。

海冰范围的减小对世纪之交以来北冰洋初级生产力的显著增加起重要作用。[16]初级生产力是指大气中或水中溶解的二氧化碳被自养生物(通过光合作用为自己创造食物的浮游生物)转换成有机质的速率。浮游植物是浮游动物(水中的小生物)的食物来源,浮游动物又是其他微生物的食物,最终到顶级捕食者,这就是众所周知的食物链。初级生产力增加的区域,大部分在陆架坡折区(大陆架边缘)附近的海岸带,那里海冰减少,更多的太阳光被水吸收,上翻的养分促

面目全非

进了初级生产力的增加。

鱼种的种群范围也发生了迁移。据美国、挪威、俄罗斯和其他北极国家的海洋生物学家记载，鱼种正从太平洋和大西洋向北极迁移而进入北冰洋。其中就包括具有很高商业价值的鳕鱼、黑线鳕鱼和奇努克鲑。[17]对白令海的研究表明，物种迁移是由海洋环境变暖、过去海冰覆盖的开阔水域初级生产力增加、大西洋浮游动物丰度和生物量增加，以及渔业管理带来的渔获压力减小共同造成的。

总的来说，公众很少关心浮游动物，反而十分关心食物链顶层的北极熊、鳍足类动物（海象和海豹）和各种鲸。北极熊已经成为北极变暖和海冰减少的标志性动物，我们许多人都很熟悉那张"一只北极熊站在北极减小了的浮冰上"的照片。北极熊一生大部分时间都是在海冰上度过的（虽然它们的窝大部分是在陆地上），因此海冰的减少会给它们的栖息环境造成不利影响。北极熊主要通过海冰来捕食海豹。看起来北极熊数量总体上是减少的，身体状况也在变差，但这很复杂。国际自然保护联盟物种生存委员会北极熊特种小组，其会员包括签署了国际北极熊保护协议国家的科学家，分析了 19 个种群的北极熊，其中 3 个在减少［分别在巴芬湾（Baffin Bay）、凯恩盆地（Kane Basin）和南波弗特海（Southern Beaufort Sea）］，6 个是稳定的，还有 1 个实际上是增加的，剩下的种群因数据不足难以得出结论。然而，海冰范围持续减小已得到大家共识，其他北极熊种群将面临困境。相比较而言，北极露脊鲸的情况似乎相当不错了。北极露脊鲸每年从北太平洋经白令海峡(Bering Strait)迁移至波弗特海,在那里悠闲地吃浮游动物,使它们的身体状况有所改善。[18]阿拉斯加的因纽特人会因生计而捕食露脊鲸,但这似乎不影响鲸数量的平衡而是可持续的。

我们对生活在北极的小鲸,尤其是白鲸和独角鲸的情况知道得不多。独角鲸(雄性有一只长长的尖牙,是延长的犬齿,很好辨认)对海冰减少尤其敏感,但它们在栖息地选择上似乎更有弹性。根据华盛顿大学唐娜·豪泽(Donna Hauser)教授的研究,白鲸能对环境变化作出快速反应,但不同的白鲸种群是否都能适应这种变化,还不得而知。这两个物种被人类的捕猎程度都很高。

正像姬特·科瓦奇(Kit Kovacs)及其同事在2015年北极年报中描述的那样,海象和其他鳍足类动物的情况也很复杂,目前还很难区分这是北极增暖的原因还是狩猎规则改变的原因。[19]海象在北极分布很广,有明显的北大西洋和北太平洋亚种。拉普捷夫海(Laptev Sea)也有个孤立的种群,俄罗斯生物学家视其为一个分离的亚种。海象出生在海冰上,并将其作为一个喂养、躲避风暴和捕猎者的平台。近些年,公众特别注意夏季大规模海象出现在阿拉斯加波因特莱(Point Lay)附近陆地上[楚科奇海(Chukchi Sea)海岸]的报告。第一次是2007年观测到的,那一年是迄今为止夏末海冰范围最小纪录年。海象喜欢待在海冰上,并将海冰作为一个平台随时潜入海底捕食软体动物和其他动物。现在夏季海冰已经有规律地退缩到较浅的大陆架以外海域,所以海象被迫将陆地作为平台进行捕食。新问

面目全非

题是,这些陆地平台已经吸引了游客和媒体,他们所有的关注都会使海象受惊,以致海象惊慌逃跑时幼崽会被碾碎致死。目前的观点是,由于海象可以在陆地上停留,所以海冰减少不会导致其灭绝。然而,能够支撑其存活的其他动物则会变少。比如,海洋酸化会影响海象食物来源(软体动物钙化),狩猎法规所允许的对海象的猎杀需求,海象对疾病和污染物的敏感性,以及商业航行增加和石油、天然气开发等,都会对海象产生影响。

在俄罗斯北极的海岸带陆地上,秋冬季降雨事件似乎越来越多。这与巴伦支海和喀拉海(Kara Sea)的海冰减少有关,开阔水域使海岸带地区变暖的同时,也为降水提供了水汽源。两次较大的降雨事件,一次发生在 2006 年,另一次发生在 2013 年。它们导致亚马尔半岛(Yamal Peninsula)上大量驯鹿(野生北美驯鹿的近亲)相继死亡。这些极端事件导致驯鹿死亡的原因是,雨后温度下降,雪表面冻结了一层硬硬的冰壳,使驯鹿无法觅食。2013 年的降雨事件导致亚马尔半岛 27.5 万头动物中的 6.1 万头驯鹿死亡。[20]

将单一极端事件归因于气候变暖时要格外小心,低概率事件也是时有发生的。但它们对驯鹿的影响不存在任何争议。过去十年北美驯鹿的数量也在显著下降,但原因尚待确定。

复杂性和相关性

正如第一章指出的那样,科学家在试图理解北极发生的变化时所面临的挑战具有惊人的复杂性。如果二氧化碳被排入大气中，北极会变暖，海冰和积雪开始融化，地表会吸收更多太阳辐射，春夏季上层海洋额外获得的热量到秋冬季就会被释放到大气中。这只是北极放大效应的一部分。温暖的大气可容纳更多的水汽，水汽也是一种温室气体，反过来会加速增暖；同时，增暖又受低层大气强烈的垂直稳定度和云覆盖影响。云覆盖的变化是由水汽含量的变化和大气环流变化引起的，而大气环流变化不仅受海冰变化影响，甚至受远在热带海洋发生的事件的影响。升高的气温和水汽含量不仅会改变降水量和降水分布，而且会改变降水形态。由于气候变暖和降水分布型发生变化，北极陆地特有的植被也发生了变化，这又反过来通过改变地表亮度和蒸发，影响温度和降水。叠加在这种复杂性上的是气候从周到月，甚至年代际及更长时间尺度上的内部自然变率，导致那些不依赖于温室气体浓度变化的事物，如气温、海冰覆盖等，发生显著上升和下降。即使是最有经验的科学家也对完全理清这些头绪感到头疼。

20世纪90年代（有些人说甚至更早）北极受到初始扰动时，挑战我们认知的北极系统并不这么复杂。想想那个年代数据极少，在许多方面，挑战只是简单地证明事情正在发生变化。只有这样，我们才能开始解决到底北极变化这块拼图是由多少个不同的小片组成的。

第三章

北极扰动

　　增加大气中二氧化碳浓度会导致气候变暖,并通过一系列反馈使变暖在北极得以放大,这种思想在我 1982 年读研究生时就已经被气候学家广泛接受了。实际上,这些基本问题在 19 世纪末期就被提出来了。众所周知,大气中二氧化碳浓度正在上升,甚至非常早期的气候模型实验都预估地球将变暖,尤其是北极将发生大变化。但是,我当时作为学生所读到的研究论文中,很少有观测数据证实已经发生的事,所以自然而然地就有科学家开始寻找所预期的变暖信号。1990 年政府间气候变化专门委员会(IPCC)谨慎地总结称,对整个地球来说,变暖的信号可能正开始出现。然后,北极本身发生扰动的证据开始慢慢显现,但最初是无法令人信服的,因为记录很短,而且不同的研究经常会得到完全不同甚至互相矛盾的结论。随着时间的推移,证据坐实了。但是,北极发生扰动的证据仍然一点也不明显。北极出现的一些变化似乎有人类影响的痕迹,但更多地看起来还是像自然气候变率。

早期阅读

科学要进步,就必须有可靠的文字记录,同行评议的科学期刊论文就起到这个作用。追溯到 19 世纪,有些期刊为科学观点的演进提供了非凡的途径。在同行评议过程中,一位科学家或一群合作科学家共同撰写一篇描述其研究结果的文章,提交到相应研究领域的专业期刊。然后,这篇文章就被送给与之有相同专业领域的科学家,即同行手中进行评审。评审的主要目的是评价文章的科学价值,在评审中提供评论、批评、建议和意见,以提高文章质量,并评价文章是否适合在该期刊上发表。如果评审专家和期刊编辑(其工作就是协助评审)评价该工作满足预期标准(如技术合理、方法得当、结论可靠),文章在根据评审意见修订后就会发表。其他科学家读了这篇文章后,可能会发表他们自己的研究结果(或在科学会议上做报告),或支持或反对这篇文章的结论。同行评议是一个缓慢的过程,且并不完美(毕竟是人为的过程,有自负、竞争、妒忌,偶尔会有碍公平),但确实有效。在过去,收到文章单印本的那天总是令人骄傲的,你会拿着它们去大厅,给同事分发有自己亲笔签名的复印本。如今每个人只要到网上下载一份就可以了。就这点而言,我们已经失去了一些东西。

在我第二次去圣帕特里克湾冰帽进行野外观测的前几个月,也

北极扰动

就是 1983 年 2 月,我正在图书馆翻阅一本北极气候的期刊合集,无意中发现 1978 年约翰·沃尔什(John Walsh)博士和克劳迪娅·约翰逊(Claudia Johnson)发表的一篇文章。[1]那时约翰还是美国国家大气研究中心(NCAR)的一名博士后。这篇文章煞费苦心地搜集了前卫星时代的多源海冰记录,分析了 1953—1977 年的北极海冰范围变化,并与当时的北极表面气温记录进行对比。通过 25 年的记录,约翰发现海冰范围的总体趋势是上升的,也就是说海冰范围是增大的,与那一时期的偏冷是一致的。但两者的变化形势比较复杂且令人困惑。1959—1962 年温度是偏高的(与 25 年平均值相比),之后几年温度偏低,海冰范围增大。然后大约从 1965 年开始,形态完全反转:温度升高,海冰范围下降。

约翰回忆说:"过去的气候一直是冷的,尤其是北极。冬季美国本土十分寒冷,有一些言论,至少新闻报道说我们就要进入冰河时代了。在美国国家大气研究中心时,我将陆地台站和苏联浮冰站的月北极气温数据网格化并构建了一条序列,该序列显示北极气温是从 1965 年开始上升的。我把这一结果拿给该中心的两位著名气候学家默里·米切尔(Murray Mitchell)和威尔·凯洛格(Will Kellogg)看,他们的反应是'好吧,看起来北极好像终于触底反弹了'。作为初学者,我暗自揣度'他们怎么那么确信北极该升温了呢?'"[2]

正像我从雷蒙德·布拉德利的课中学到的那样,人们早就认识到,大气中某些痕量气体,最著名的有水汽、二氧化碳、甲烷,吸收地球表面发射的长波辐射,产生自然的温室效应,使我们的星球越来越宜居。于是就出现了增加这些痕量气体浓度就加大了温室效应,会导致进一步增暖的情况。后来的诺贝尔化学奖得主斯万特·阿雷纽斯(Svante Arrhenius)在 1896 年就推测出这样的结论。夏威夷(Hawaii)莫纳罗亚观测站(Mauna Loa Observatory)提供的 1958 年以来的观测记录显示,大气中二氧化碳浓度真的在增加。

在给定二氧化碳和其他温室气体(如甲烷浓度发生变化)时,气温会升高多少,我们对此尚无认识。我所在的科学界虽然已经知道了一些反馈,如前面讨论过的反照率反馈和水汽反馈(较暖大气可容纳更多水汽,水汽也是一种温室气体,这会引起大气进一步增暖),但我们还没有充分认识到不同的反馈效应之间是如何相互作用的,大气气溶胶效应是如何参与其中的,天空云量的影响如何,以及有着极大比热容的海洋在其中起什么作用。

我们已经充分利用已有的资源。1979 年,在美国国家航空航天局戈达德空间飞行中心(GSFC)的一名年轻科学家克莱尔·帕金森(Claire Parkinson)与威尔·凯洛格合作,较早地研究了北极海冰是如何响应气候变暖的。[3]他们利用了克莱尔在美国国家大气研究中心读博士时与其导师——气候模式先驱瓦朗·华盛顿(Warren Washington)一起开发的海冰模式。克莱尔回忆道:"完成这个模式后,我与威尔·凯洛格讨论人类活动增加的温室气体导致气候变暖的可能性,以及是否会影响到海冰。我们设计了一系列相当简单的实验,指定温度升高程度和边界条件变化,如云量。我们发现,升温 5 摄氏度时,模式模拟的北极海冰就会在 8 月和 9 月消融殆尽,但冬季又会重新形成。"[4]

一年后,普林斯顿大学(Princeton University)地球物理流体动力学实验室的真锅淑郎(Syukuro Manabe)和罗纳德·斯托弗(Ronald Stouffer)从另一角度研究了这个问题,即用气候模式评估地球到底会升温多少摄氏度。[5] 它与克莱尔的实验形成鲜明对比,克莱尔的实验只是提供给模式一个假定增暖幅度。但是,真锅淑郎和罗纳德采用二氧化碳浓度增加四倍的方法也是非常极端的,这就像拿着一把大锤子击打气候系统一样。真锅淑郎和罗纳德的研究强调,北冰洋及其周围地区的增暖将是最大的(年平均气温升高 6—9 摄氏度,冬季升温更大),很大程度上是因为具有高反照率的海冰厚度和范围在减小。

第二年,美国国家航空航天局戈达德空间飞行中心的詹姆斯·汉森(James Hansen)我们叫他吉姆(Jim)取得了重大突破。[6] 这个研究成果至今仍非常重要,对气候系统的问题有深刻的见解。汉森从事全球辐射平衡、气候模拟、平衡态气候敏感性(二氧化碳加倍后,全球表面平均气温升高多少),以及气候敏感性对气候反馈的依赖程度。吉姆也从事太阳和火山爆发(火山可以向高层大气喷射火山灰和气溶胶)对气候的强迫问题,以及与气溶胶和海洋热量捕获有关的不确定性问题。吉姆自信地预言全球平均温度将升高 2.8 摄氏度,这是他得出的一个经得起时间检验的数字,即二氧化碳加倍后,全球平均表面温度将升高 2.8 摄氏度。

从约翰·沃尔什和克劳迪娅·约翰逊对"观测到的 1953—1977 年北极温度和海冰变化"的研究中能够得到什么结论呢？尽管约翰在美国国家大气研究中心的同事给出了评论，但总结成一句话就是"没有"。因为数据记录很短，而且气温和海冰范围的变化看起来更像是由自然气候变率导致的。大家都知道，即使没有人类活动，不同时间尺度的地球气候也会变化很大。说气候有其自然变率并不是说气候会无缘由地发生变化，任何事情变化都是有原因的。这些自然因子可能是地球外部的，如太阳变得更亮或更暗。就像前面讨论过的，米兰科维奇强迫可以激发气候反馈。相比之下，约翰和克劳迪娅发现的这种短期的年代际尺度的波动，似乎正是我们现在所知道的那种可以由气候系统中纯粹的内部过程引起的波动。例如，通过海—气反馈，海洋表面温度很小的扰动就可以通过其上方的大气环流和温度的持久作用不断加强。

当对未来的预期恰好相反时，我就在那里想着北极变冷和瞬间冰川化，甚至暗暗地希望它会发生。而且，观测到的变暖证据还没有那么令人信服，气候科学往往不像公众经常听到的那样。

进入战斗

1985 年初，在完成了圣帕特里克湾冰帽的气候影响项目后，我在当时的拉蒙特-多尔蒂地质观测站 [Lamont-Doherty Geological Observatory，简称为 LDGO，位于新泽西州（New Jersey）边界的罗克兰

北极扰动

（Rockland）的帕利塞兹（Palisades）]工作了一年半。LDGO（现在叫LDEO，因为他们自认为是一个环境观测站）是哥伦比亚大学（Columbia University）的一部分。我在那里是一位科研技术人员。在我的众多任务中有一项是基于卫星图像数据，人工解译表面亮温绘制北极海冰图形。如果你很有钱，那么罗克兰是一个工作和生活的好地方，但我没钱。我的态度是，在 LDGO 工作比仅得到一份生活工资重要得多。我大部分饮食就是卡夫通心粉和奶酪。

我学会了用FORTRAN*编程。更重要的是，我遇到了我的妻子苏珊（Susan）。她作为站长助理在楼下深海岩心库卖力地工作，同样报酬很低。那是一个装满了全世界各地深海岩心的大房间，用于古气候研究，其中一个就用于证实了气候变化的米兰科维奇理论。我们待在拉蒙特的一个亮点，就是每天与曾经从事古气候研究的科学家乔治·库克拉（George Kukla）一起在丛林里进行篝火午餐，烤着香肠，沉溺于廉价白酒中。

当我们意识到在拉蒙特-多尔蒂地质观测站确实不会很有前途时，我申请了攻读科罗拉多大学地理学博士学位并被录取了。那一年 8 月，我和苏珊踏上了前往博尔德的路。关于我俩谁的车可能扛得过这次长途旅行，我们最终做了个决定，就是选择我那辆 1974 年的雪佛兰英帕拉，它的挡风玻璃破裂，车门是从垃圾场捡来的，与车十分不匹配，以及改装过的故作时髦的罗德里格斯时代的饰品。我

---

*译者注：一种计算机高级编程语言。

们成功了。

在博尔德攻读博士学位时，我最后做的研究是，夏季移动到北冰洋中部的风暴是如何改变海冰环流，进而强行在冰上凿开大洞的。这个项目得到美国海军研究办公室（ONR）的资助。20世纪80年代中期，美国海军研究办公室资助了相当多的北极海冰和北冰洋声学项目，因为这些研究与潜艇战有关。海冰在一起相互摩擦时会在水下制造很多噪声，北极海水温度和盐度的垂直变化可以将潜艇发出的声呐混淆在一起。这种合成法帮助苏联隐藏了他们的潜艇，所以海军想更多地探知北冰洋。我的项目虽非机密，看起来还相当深奥，对美国海军研究办公室是有价值的，因为它可以通知我们的海军，苏联何时何地会命令他们的潜艇浮出水面向我们发射导弹。或者只是我的幻想。不管怎样，这让我做了一篇很好的博士论文，我学到了关于海冰、气候、海洋和气象的很多知识。1989年5月毕业，我非常渴望开始我的北极科学研究生涯。

为了继续留在科罗拉多大学做博士后，我拒绝了一份俄亥俄州立大学（Ohio State University）伯德极地研究中心的博士后职位。我当时得到一个明确回复，即还没有人会拒绝伯德中心的博士后职位。然而，科罗拉多博尔德的气候看起来是个更适宜居住的好地方，房价也不是贵得离谱。此外，博尔德是气候研究的国家中心，美国国家大气研究中心就在城西，美国国家海洋与大气管理局的实验室就在科罗拉多大学的路边。希望伯德中心已经原谅了我非故意的怠慢。

做好准备

1986 年,我刚进入科罗拉多大学攻读博士学位时,《科学》杂志刊出了阿瑟·拉亨布鲁克(Arthur Lachenbruch)和 B.沃恩·马歇尔(B. Vaughn Marshall)撰写的一篇文章,内容是关于阿拉斯加最北部冻土钻孔温度垂直廓线变化的。[7]正像他们所说:"因为地表温度变化通过热传导向下传播到土壤深层需要时间,所以越深层的地温观测所代表的地表温度历史就间隔得越远,信号也越平滑,因为高频信号逐渐被过滤掉了。因此,深层土壤总是'记忆'着地表温度历史上的主要事件。"换句话说,冻土温度垂直廓线提供了地表气温变化的历史信息,这就弥补了北极匮乏的气温长期观测数据。当拉亨布鲁克和马歇尔基于热传导理论分析数据时,他们发现温度垂直廓线显示,过去几十年到甚至一个世纪,多年冻土表层温度升高了 2—4 摄氏度,虽然这一数值略显宽泛。他们在文章中表明:"因为模式预测温室气体导致的气候增暖在北极最大,而且可能已经在发生变化了,要理解这一区域多年冻土温度快速变化的热力学机制需要相当谨慎。"

与此同时,菲尔·琼斯(Phil Jones)、吉姆·汉森和其他人试着将基于台站记录的全球平均表面气温进行集成得到最优时间序列。1987 年,汉森和谢尔盖·列别捷夫(Sergej Lebedeff)得出结论:对全球整体而言,1800—1985 年全球增温 0.5—0.7 摄氏度,其中 1965—1980 年间增温尤其大。[8]因此,正如雷蒙德·布拉德利和其他人指出的那样,在北极观测到的 20 世纪 40 年代后全球变冷似乎是相当短命的事,只是反映自然变率的一个点。当然,这些研究到底能在多大程度上代表观测数据稀缺的北极的真实情况仍是个问题。然而,阿拉斯加多年冻土温度变化仍是气候变化的证据,支持北极变暖的结论。

由于多种证据都证明地球在变暖,气候研究的动力很快激增,已经很热门的气候模拟变得更加热门。然而,根据现今的标准,这些模式都简单而笨拙,全世界模拟团队的实验都一致预测,二氧化碳浓度升高,全球平均气温也会升高,北极将率先升温。

1990 年,IPCC 第一次评估报告出炉。[9]IPCC 是世界气象组织和联合国环境署(联合国的组织)于 1988 年成立的,目的是评估"与人类导致的气候变化风险有关的科学、技术和社会经济信息"。

该报告执行摘要中的一些关键结论摘录如下:

• 人类活动正在增加大气中的温室气体浓度,这将增强地球自然的温室效应,导致地表增暖。接下来,主要的温室气体,水汽也将增加,并导致地表进一步增暖。

• 21 世纪增暖程度与温室气体排放率有关,气候变暖将伴随海平面上升。

• 由于气候反馈作用(尤其是反照率反馈),极地的增暖幅度会

北极扰动

最大。

- 由于对温室气体源和汇，以及云、海洋和极地冰盖作用的认知尚不全面，关于预测的气候变化的时间、幅度和区域模态仍存在很大不确定性。

- 过去100年，全球平均表面气温已经升高了，尽管与气候模式预测结果具有广泛一致性，但其仍很可能只是自然气候变率。至少在10年内是不可能明确探测到温室效应增强的。

因此，虽然IPCC坚称温室气体引起的升温终将出现，但我们是否能看到结果本还不确定。虽然有证据表明自19世纪后半叶开始全球山地冰川总体退缩，但是更新的1972—1990年北极海冰范围序列却没有显著变化趋势。报告中还提到，约在1976年开始，北极海冰范围在一个恒定的气候学水平上下波动，但1972—1975年显著偏少。尽管一些基于潜艇声呐数据的证据显示1976—1987年海冰厚度在减小，但缺少连续数据记录使人们无从知晓这是否是其长期变化趋势的一部分，这是大家公认的。IPCC报告出炉一年前，克莱尔·帕金森和美国国家航空航天局的唐·卡瓦列里（Don Cavalieri）仅通过Nimbus－7多通道扫描微波辐射计（SMMR；它是系列多通道微波传感器的第一个，提供逐日海冰范围图形）的较短卫星序列研究了海冰记录，结果发现了非常弱的减少趋势。我记得这篇文章没有被IPCC报告引用，当然它也不会影响IPCC报告的任何结论。IPCC报告关于多年冻土的小节中注意到了拉亨布鲁克和马歇尔的工作,但也提出其所推测的增暖可能出现在 20 世纪 30 年代之前,而自那时起就很少有证据证明北极持续增暖。

前瞻性思维也有。为了响应日益增长的对北极和气候变化科学的研究兴趣,1989 年美国国家科学基金会极地项目办公室(OPP)启动了北极气候系统研究(ARCSS),其目的是:(1)理解北极系统在与整个地球系统相互作用过程中,其物理、化学、生物和社会过程对全球变化的贡献及响应;(2)提高预测年代际到世纪尺度环境变化的科学基础,以及根据预期的影响,提高为人类和社会支持系统制定政策选择的科学基础。

尽管美国国家科学基金会称其为"全球变化",这一委婉说法直到今天仍在某些圈子中流传,但美国国家科学基金会的方向是明确的。

没有说服力和令人困惑的证据

1991 年春天,我毕业几年后,决定努力成为一名科罗拉多大学的研究员,并做出成就。那时有一个机会就是在加拿大北极进行更多的野外工作,即研究雷索卢特湾附近海峡的海冰。这次尝试或多或少与一群滑铁卢大学(University of Waterloo)的加拿大研究生有关,他们对寒冷的免疫力仅略逊色于他们对酒精的免疫力。我与之前科罗拉多大学同办公室的同事吉姆 · 马斯兰尼克(Jim

北极扰动

Maslanik）和杰弗里·基（Jeff Key）一起研究海冰厚度变化、春季融雪、浮冰上融池的发育和大气气溶胶浓度，检验卫星反演的海冰表面温度。我们也用小系留气球（长约 4.6 米）观测海冰面以上不同高度处温度的变化。

当我们不小心把一只气球直接放到雷索卢特湾机场最后进场的航线上空时，我们天真的工作热忱使我们陷入了麻烦。当我们的气球可能飞到了距离地面约 305 米处，突然第一航空公司*每天驶来的波音 737 飞机突破低云呼啸而来，看起来离气球只有几米远。负责系留气球项目的汤姆·阿格纽（Tom Agnew），我们当中唯一经验丰富的科学家，看着我低声地说："坏了，我们惨了。"尽管可能这种小的充氦气球不会对波音双喷气发动机造成威胁，但仅过了一会儿，无线电广播设备里就响起了一个响亮的声音，要求机场方面对此作出解释。听起来第一航空公司的飞行员看到系留气球挡在路上相当心烦意乱。我们解释了当时的情况，汤姆被粗暴地召回雷索卢特讨论这一事件。从我们得知的情况看，机组工作人员在返航渥太华（Ottawa）的路上仍一路大叫表示不满，因为这对加拿大人来说太严重了。

没有什么激动人心但最终很有科学价值的是，用太阳光度计持续观测评估大气气溶胶浓度。太阳光度计是一个在无云期间直接指向太阳的仪器（我们用的是手持式），记录不同波长的太阳辐射量。

---

* 译者注：是一家总部位于加拿大的航空公司。

直面新北极

知道精确的太阳高度角和其他信息后,就可以计算大气气溶胶消耗了多少太阳光束。气溶胶是悬浮在空气中的小颗粒或小液滴,它们形态各异,对太阳光的散射和吸收也不同。1991 年我们做了一系列太阳光度计实验,目的是在第二年进行重复观测。

1991 年 6 月 15 日,我们做完实验回家后,菲律宾(Philippines)皮纳图博火山(Mount Pinatubo)喷发,硫酸盐气溶胶(散射太阳辐射类的)甚至喷射到了平流层。当我们在 1992 年 5 月重返实验点时,发现了非比寻常的情况。那年的天气比 1991 年冷很多,毫无疑问,这与皮纳图博火山喷发有关。火山喷发导致 1991—1993 年全球平均温度降低,对北极的影响出现在 1992 年春季,至少我们所在的那个地方的变化令人印象深刻。太阳光度计观测清晰地显示,与 1991 年的观测结果相比,气溶胶浓度大幅升高,即使没有对比也很明显,从天空的颜色就能看得出来,气溶胶阻碍了太阳光的照射。全球变暖的前景似乎真的变得模糊不清了。

加拿大环境部一位多年的同事克里斯·德克森,那时是我的学生,他做融雪季开始时间的研究,现在想起来仍会悲叹于 1992 年春季之冷。"作为一个 20 岁的大学生我第一次去北极,信息不充分,准备不充分,装备也不充分。那时,走进教授办公室申请研究助理的职位仍然是可能的。几个月后,尽管完全没有经验和专业技能,我也挺进了北极,并在海冰上的帐篷里住了 3 个月。骑上雪地摩托很兴奋,听到雪地摩托压在冰上的嘎吱声和冰破裂的咔嚓声也很兴奋,甚至

北极扰动

遭遇北极熊都很兴奋,当然也有许多单调乏味和重复的事。时间过得很慢,日复一日、周复一周,一样的同伴,一样的野营食物,洗个澡都奢侈。融化季开始的日子就是我该回家的日子。只有当冰全面融化,冰上作业不再安全时,我们才能退出我们的研究点,拆除营地,宣告胜利。就像我变得不耐烦一样,1992 年的融化季也姗姗来迟。由于皮纳图博火山喷发,融化季就是不来。最终我们的食物、燃料和耐心都越来越少,我们不得不卷起铺盖,夹着"科学的尾巴"离开了。那个季节我们没有进行融冰观测。[10]

我自己关于北极变暖的怀疑论是从 1993 年 1 月,我与乔恩·卡尔(Jon Kahl)发表的一篇文章开始增强的。[11]我们使用无线电探空仪和下投式探空仪收集到的温度廓线数据,分析了北冰洋地表和不同层次(最高到 700 百帕,在北极差不多是距离地面不到 3 000 米)的气温。无线电探空仪数据来自苏联北极项目[12],一系列漂流营地维系在海冰上,下投式探空仪数据来自美国空军的雷鸟天气侦察任务。总体上这些观测覆盖 1950—1990 年。无线电探空仪是球载仪器,从地面起飞,向上飞行过程中收集气温、湿度和风的数据。这些数据是输入数值天气预报模型进行天气预报的关键数据源。下投式探空仪是从航空器上向下投掷的,在借助降落伞下降的过程中收集数据。

没有证据能证明当时气候模型预测出来的增暖趋势。文章"过去 40 年没有证据显示温室气体增加导致北冰洋增暖"这个题目就很有说服力。我同意预测的变暖终将出现这个观点。我们说的是,基于过去 40 年的数据,变暖还没有发生。

其他人也分享了他们类似的观点。美国国家海洋与大气管理局的吉姆・奥弗兰(Jim Overland)从 20 世纪 70 年代开始就做北极气候研究了,他说:"1991—1992 年,我们没有看见或思考太多北极变化的问题。我们的确有真锅淑郎和斯托弗关于模拟的文章说,随着二氧化碳浓度增加,我们会看到北极放大效应。因此,我们在这一方面保持警惕,但似乎没有发生什么大的变化。"[13]

气候模式开发人员玛丽卡・霍兰(Marika Holland)那时刚开始她的职业生涯,她现在是美国国家大气研究中心的高级研究员,长期关注北极海洋过程。她说:"我 1992 年读研究生,刚开始学习北极的一些知识。我读真锅淑郎等人的文章,知道温室气体浓度增加会使北极地区增暖变强。我也开始开发海冰模式,所以前面真锅淑郎和斯托弗等人讨论地表反照率反馈作用强劲有力时我觉得非常有趣。坦白地说,对北极变化我没有想得太多。我那时学到的所有前人的工作都在讨论北极未来的气候,当然并不是指现在,感觉离我远之又远。"[14]

现在美国罗格斯大学(Rutgers University)工作的杰出研究员珍・弗朗西斯(Jen Francis)也分享了她的感受:"1988 年我在华盛顿大学极地科学中心读研究生,很少有人讨论北极气候变化。甚至'全球变暖'都是相当朦胧的概念,那时候也没有气候科学课程(很明显

北极扰动

我上的雷蒙德·布拉德利的课是个例外）。温室气体增加将使地球增暖,这很好理解,然而对这一现象的观测结果当时还没有引起太多警觉。"[15]

而且,关于北极变化的不同证据看起来也是相互冲突的,或者是使这件事变得越来越混乱。

1993 年 1 月,比尔·查普曼(Bill Chapman)和约翰·沃尔什利用那时可获取的 1953—1990 年海冰长序列记录,以及 1961—1990 年北极气温格点数据进行分析。[16]温度序列用的是北极大陆和岛上的台站数据,没有北冰洋中心的信息。像我们过去用无线电探空仪和下投式探空仪做研究一样,他们用此检验当时气候模型的预估结论,即随着温室气体浓度增加,北极海冰大幅减少,北极升温将比其他任何地方都大。

1961—1990 年北半球北部陆地冬季和春季出现增暖趋势,这被大西洋扇区副极地海洋上空的负趋势部分地平衡掉了。即使最新的夏季海冰最小值达到过去 15 年数据记录的 3 倍,查普曼和沃尔什也发现 1953—1990 年夏季北极海冰范围减小了。冬季海冰范围没有变化趋势。他们的文章做了大胆的表态:"海冰覆盖的季节和地理变化与最近用耦合大气—海洋模型做的温室气体实验一致。"

但是,且慢!我们从沃尔什和克劳迪亚·约翰逊之前的工作知道,1953—1977 年海冰范围有略微增大趋势,但最明显的特征是变率很大,不仅年际变率很大,而且年代际变率也很大。IPCC 报告中明

确指出 1972—1990 年根本就没有变化趋势。现在,看了 1953—1990
年的数据后,就有与最近模式预估一致的下降趋势了。假定是最近
的夏季海冰状况导致了这种趋势,为什么 IPCC 分析显示没有变化趋
势呢? 可能这种下降趋势只是海冰范围自然变率的又一例证。还有
数据是如何处理和检测的问题:查普曼和沃尔什分析不同季节海冰
时夏季月份是显著下降的,而 IPCC 报告和沃尔什之前的研究分析的
是月标准化距平。在计算月标准化距平时,需要先计算出长期月平
均(一般是计算整个时期的平均或选择一个基准期),然后从该时期
单个月值中减去各自的月平均值,最后再除以每个月的标准差。这
个方法可以剔除海冰范围的自然季节循环,将各月的结果放在同一
起跑线上进行对比,但也可能掩盖掉那些与季节有关的重要的变化
和趋势。

在北部陆地地区发现的观测到的变暖情况又如何呢? 为什么是
这里变暖,而不是海洋上空? 是这两个研究关注的时段不一致吗?
从雷蒙德·布拉德利的研究中已经明确得知,从 1940 年到至少 20
世纪 60 年代,北极是变冷的,所以有人认为查普曼和沃尔什发现的
变暖是有水分的,因为他们的分析是从一个非常冷的时期开始的。
其中是否也有因数据质量问题而导致的不同结论呢? 充满了各种问
题。1993 年后期,我成为基于陆地无线探空仪数据研究 1958—1986
年对流层温度(地表以上的温度)变化团队的一分子,使我更加困
惑。[17]尽管有大量观测到的区域和季节变率,关于温度趋势尚没有

北极扰动

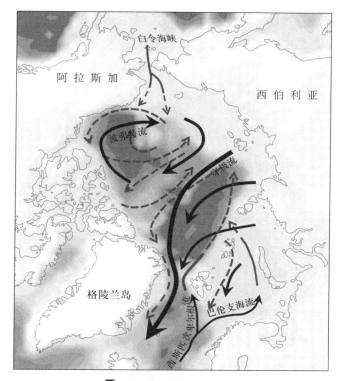

图 14　北冰洋洋流。实线箭头表示表层洋流,虚线箭头表示次表层洋流。灰色阴影表示海洋深度(颜色越深表示深度越大)。大西洋水通过格陵兰和斯瓦尔巴群岛之间相当深的弗雷姆海峡(西斯匹次卑尔根流)和浅巴伦支海(巴伦支海流)进入北冰洋,然后下沉到表层较冷的淡水之下。主要的表层洋流是顺时针方向的波弗特流和穿极流。美国国家雪冰数据中心亚历山大·克劳福德制作

发现系统的变化。这篇文章的论点很明确:"基于我们的分析,我们得到结论,1958—1986 年在北极对流层未检测到温室气体导致的增暖。"当然,科学家正在继续收集更多的北极数据。随着海冰范围的

直面新北极

卫星数据序列一年年加长，尤其是与早期记录合并后，我们慢慢地可以更好地处理海冰系统的自然变率，对可能出现的任何变化提供解释。1979 年开始，北冰洋浮标项目（后来变成国际北极浮标项目）提供了表面气温和海平面气压变率信息，浮冰漂浮在北冰洋上，因此其空间覆盖范围可能比苏联北极项目以来的所有项目覆盖范围更广。我们也开始获取到北冰洋的更多数据。我的一位老同事，在西雅图华盛顿大学工作的北极海洋学家迈克·斯蒂尔（Mike Steele）还记得那时的兴奋，说："1987 年我在普林斯顿地球流体动力学实验室博士毕业后，到西雅图做杰米·莫里森博士的博士后。那时，北极海洋学家极其缺少数据，因此大部分文章都很狭隘，如'1985 年春季某区域的海洋状况'是非常典型的文章题目。它让我想起我在语法学校的读书报告'春假我做了什么'。坦白地说，就那么几个数据点，从这些文章中要看到全局，根本是不可能的。但是，我们尽力了。"

"你猜怎么着？20 世纪 80 年代末到 90 年代初，当科研的破冰船开始稍微有规律地远航深水盆地收集 CTD（电导率、温度和深度）并用瓶子装回数据时，北极海洋学家的新时代到来了。例如，1987 年极地号（Polarstern）科考船沿着东经 30 度到达北纬 86 度；1991 年奥登号（Oden）破冰船驶入北极点，我想是世界上第一个到达的。其他很快就跟上了，最终达到了几乎每年一次的频率。用这些数据，终于可以用定量的方式思考北极了。但是，人们还会不可避免地用新观测数据与旧观测数据进行对比。"[18]

深海探测

海洋学家开始怀疑所谓的北冰洋大西洋层的变化,我就是其中之一。大西洋层相对较暖、盐度较高,位于北冰洋表层寒冷淡水的下方。对世界上大部分大洋来说,最暖的水都是位于最上层,而较冷的水位于下层。很明显,顶层的暖水也更轻(即密度较小),可以维持稳定的垂直结构,从而抑制垂直混合。按照海洋学家的说法,温度随深度降低(称为温跃层)代表海水密度随深度增加(称为密度跃层)。想想自制的橄榄油和醋的调味品:即使用力摇晃后,橄榄油和醋还是会分离,橄榄油漂在上面,因为橄榄油密度小。北冰洋大部分地区的垂直结构是相当稳定的,但是其原因非同寻常:北极水温很低,密度不仅取决于温度,而且很大程度上取决于盐度。简单地说,密度跃层是由盐度随深度快速增加来驱动的,也称为盐跃层。顶层的水是冷的,它本身就意味着密度较大,但北极表层水含盐量少即较淡,淡水则意味着较轻,这与其他海洋完全相反。表层淡水对冷的盐跃层的形成至关重要,很大程度上是由于每年春夏季河流径流汇集,大量淡水流入相对较小且空间范围受限的北冰洋。而且,海冰本身就相当淡(水结冰时会析出盐分),所以夏季海冰融化时,就会淡化表层水。平均来讲,北冰洋的降水量比蒸发量大。

下层较暖却较咸的水通过两支洋流从大西洋流入。第一支也是

直面新北极

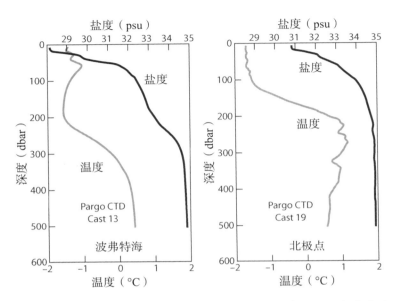

图 15　波弗特海和北极点附近盐度与温度（x 轴）和深度（y 轴）的关系，根据
1993 年夏季美国海军攻击型潜艇海鲼号测得的电导率、温度和深度数据计算。
纵坐标以压强分巴为单位的深度数值近似等于以米为单位的深度。注意，盐度
随深度快速增加的地方（盐跃层），水温仍然是低的。这表明北冰洋的盐跃层是
冷的。位于西雅图的华盛顿大学极地科学中心杰米·莫里森提供

　　最重要的一支是通过弗拉姆海峡，是北冰洋和大西洋的深层连接处，
大致位于格陵兰东海岸和斯瓦尔巴群岛之间北纬 78 度至 80 度处。
该支称为西斯匹次卑尔根流。当其进入北冰洋时，就在弗拉姆海峡
北部，这股密度较大但较暖的大西洋海水下潜到表层较淡的冷水下
面，形成大西洋层。另一支是通过巴伦支海流入北冰洋的，因此称为
巴伦支海流。大西洋层基本介于海面以下 100—800 米，其最高温度
比咸水冰点高几摄氏度（咸水的冰点比淡水冰点低，与盐度有关）。
大西洋层以下则是深水，较冷，也较淡。图 14 是北冰洋表层和次表

北极扰动

层海洋环流示意图,图15给出了北冰洋典型的盐度和密度廓线。冷盐跃层非常重要,它维系了稳定的盐度廓线,从而使海冰能在秋冬季稳定地形成。没有盐跃层,大西洋暖水会使海冰难以形成。

1991年,德国海洋学家德特勒夫·库阿德法赛尔(Detlef Quadfasel)与其同事发表了一篇短文,报告了1990年8月苏联核动力破冰船俄国号(Rossiya)搭载一群有钱的游客从摩尔曼斯克(Murmansk)航行到北极点期间观测的数据。[19]它对海冰的情况进行了详细观测,并收集了上层500米水柱的垂直温度廓线。此前1987年收集的数据显示,大西洋层最高温度从无冰的弗雷姆海峡的4摄氏度降到斯瓦尔巴群岛和北地群岛(Severnaya Zemlya)之间的-2摄氏度。沿着大西洋来水的方向,北地群岛位于东部,如今它位于表层水之下。俄国号航行期间在这一区域收集的数据显示,大西洋层的最高温度达2.8摄氏度,比1987年测得的温度几乎高了1摄氏度。他们还发现这一区域冰的厚度也比预期的薄20%—30%。

正像德特勒夫当时就指出的那样,两个年份之间的温度差异从统计学角度分析是没有意义的。弗雷姆海峡的海表温度是出了名的多变,这点差异可能只是随机的。冰的厚度较薄也可能只是因为船只搭载了有钱人和贵重货物而挑选了阻力最小的路径。他们在文章最后声明,尽管这次观测较为粗略,"但似乎说明对全球气候变化十分脆弱的北极,有必要小心监测其热量波动"。

正如迈克·斯蒂尔指出的那样,从其他考察队那里传来更多数

图 16   1993 年 9 月美国海军攻击型潜艇海鳊号（SSN－650）在北冰洋进行冰科学探险航行。美国海军北极潜艇实验室提供

据，如 1991 年奥登号的航行。奥登号建于 1988 年，是瑞典建造不久的破冰船。1991 年，奥登号和德国极地号科研破冰船成为第一批到达北极点的非核动力水面舰艇。一个国际海洋学家团队分析了奥登号的数据后发现，与早期数据相比，来自大西洋的水有略微且确定的增温现象，这表明库阿德法赛尔识别出的增暖是真实的，而且可能已传播得相当广泛。[20]

1993 年美国海军攻击型潜艇海鳊号（Pargo）和加拿大海岸警卫队亨利·拉森号（Henry Larsen）破冰船到北极巡航，紧接着是 1994年美国海岸警卫队重型破冰船北极海号（Polar Sea）和加拿大海岸警卫队重型北极破冰船路易斯·圣-劳伦特号（Louis S. St-Laurent），

北极扰动

1995年美国海军潜艇刺鳍号（Cavalla）。所得到的巡航数据都指出大西洋水正在变暖，且对北极的影响在增长和增强。美国海军海鳊号和加拿大路易斯·圣-劳伦特号的数据也显示，罗蒙诺索夫海岭和门捷列夫海岭（Mendeleyev Ridge）上方的海水出现了令人困惑的暖中心，大西洋层海温超过1.5摄氏度（为北极准备的），这在早期记录中从未发现。很明显，库阿德法赛尔还是有点想法的。

美国海军海鳊号和刺鳍号尤其引人注目，因为它们是美国姆鱼级核动力快速攻击潜艇（"海鳊"和"刺鳍"是第二批以此命名的潜艇；第一批是"二战"期间服役的加托级舰船）。

1993年海鳊号巡航是1993—1999年之间进行的六次冰科学探险（SCICEX）航行中的第一次，收集了各种水文数据，提供了仰视声呐观测到的详细的海冰厚度数据。1999年起观测方式有所改进，即在原本机密的核潜艇演习期间留出收集非机密科学数据的时间。海鳊号巡航（图16）期间，一个7人科研团队加入海军；他们中包括西雅图华盛顿大学的杰米·莫里森，他很快就成为引人注目的人物，他到处发表声明说需要了解北极的海洋变化，好像尚未在北极开展。

风场转变

1993年以来，关于夏季北极海冰范围减小的证据逐渐增多。对当时的情况进行总结，也感到结论非常模糊：变化不是非常大，很多

直面新北极

都是取决于所关注的时段和用于分析数据的技术方法。温度趋势似乎不仅与所分析的季节、区域和时段有关,而且与所分析的是表层还是表层以上的气温有关。尽管对北极发生变化的怀疑有所增加,但没有人知道这是偶然性变化,即属于自然循环的一部分,还是属于发生大变化的前兆。

就在此时,大气风场形势发生了转变。1993 年,我领衔一项研究,与贾森·博克斯(Jason Box)、罗杰·巴里(Roger Barry)和约翰·沃尔什一起,用 1952—1989 年海平面气压记录分析北极气旋和反气旋活动形势。[21]气旋是中高纬居民非常熟悉的低气压系统,与暖锋、冷锋和降水有关。在北半球,气旋的表面风场逆时针旋转。反气旋则相反,它是与艳阳天有关的高压系统,在北半球表面呈顺时针旋转。气旋和反气旋形势研究与气候科学紧密相关,因为与天气扰动有关的风是热量和水汽从温暖的低纬度输送到寒冷的高纬度的主要机制之一。我们发现对北极整体而言,1952—1989 年冬季、春季和夏季气旋数量增加,反气旋数量在春季、夏季和秋季增加。

这些变化的含义使我们彻底迷失了。一个大问题是,早些年的气旋和反气旋统计记录可能因观测数据稀少而不是很可靠,因此这些趋势可能只是由于数据质量变好导致的假象,而非真正的气候信号。然而,我们注意到,如果这些变化是真实的,它们可能与约翰·沃尔什早期发现的主要出现在冬季和春季的表面气温升高有关,因为气旋和反气旋增多意味着更多的热量和水汽向北极输送,使北极

北极扰动

气温升高。但是,用无线电探空仪和下投式探空仪做的观测和分析工作,并没有发现温度变化趋势。

1979年,北极海洋浮标计划开始提供浮标传来的海冰覆盖的环流信息,以及温度和海平面气压观测数据。海平面气压观测数据使北冰洋海表气压图更加准确,因此表面风场形势也更加准确(气压分布驱动风速和风向)。直到1996年2月,目前仍是北极气候科学研究主要参与者之一的约翰·沃尔什用这些数据进行了综合定量分析。[22]

约翰用当时所有的数据揭示出,1979—1994年北冰洋中心的年平均海平面气压是降低的。此外,对每个月来说,1979—1994年下半段的年平均气压都比该时期上半段的要低,但秋季和冬季是变化最大的。海平面气压的降低表现为中心在北冰洋中部上空的平均高压区(反气旋)变弱,风场环流呈现气旋式(逆时针旋转)异常。这些变化由较低纬度的副极地海洋上空的气压升高所补偿。至少粗略地看,这似乎与我们发现的气旋数量变化是一致的。如果气旋数量增加,意味着北极上空的平均表面气压将降低。这很简单,因为气旋本身是低压系统。我们同时还发现反气旋也在增加,从这方面看,这两个研究如何能联系到一起就不太清楚了。但是,可以肯定的是,约翰用的数据质量比我们那时用的数据质量要好。

沃尔什记录的气压变化,与其说反映了年代的不确定性,不如说是围绕着自然的年代际尺度变化的概念(如在其他区域进行的一系列研究所记载的那样),并非对温室效应的某种间接反应,如海冰减少改变表面能量收支,进而对大气环流产生影响。

约翰回忆道:"我们在文章中有意淡化人类活动的影响。那时候,我们意识到几个模式研究结果都说海冰减少(北冰洋无冰状态)会导致北极海平面气压降低,并在 1996 年的文章中提到这些模式结果。然而,20 世纪 90 年代以前,不管是人类驱动还是其他原因,海冰减少得都非常少,所以很难把海平面气压变化与海冰变化联系起来。因此,我们在解释现象时就选择重点谈内部(自然)变率。"[23]

虽然约翰无法确定海平面气压变化的原因,但是这个研究十分重要,因为它开拓了一个新认知,即伴随海平面气压变化的表面风场变化可能与观测到的海洋变化有关。风强烈地驱动着海洋表面环流,随着时间推移,这些环流变化可能在埃克曼抽吸作用下传到深海。同时,如果由于风的改变导致输出的海冰量(如通过弗拉姆海峡)或北极近表层水随时间发生变化,人们就会相信这与对次表层有影响的格陵兰-拉布拉多海域(Greenland-Labrador Seas)深海对流有关。

1996 年 6 月,我与同事吉姆·马斯兰尼克共同完成了一项研究。[24]我们分析了 1978 年 11 月—1995 年 9 月的海冰范围变化。我们的观点是:"仍然没有发现全北极尺度的海冰变化响应全球气候变化的证据。"我们也提出,卫星记录显示,9 月海冰范围最小值出现极值,如 1990 年、1993 年、1995 年,其原因可能与 1989 年以来出现在北冰洋中部上空的低压系统(气旋)频次增加有关。

如果再等几个月,加上 1996 年 9 月的数据,我们关于海冰与气旋有关系的结论可能就会不一样了。1996 年 9 月的海冰变化尽管很令人惊讶，但几乎没有人注意到，其海冰范围成为有卫星记录以来的最高值。直到今天，仍保持着最高纪录，几乎肯定会一直保持下去。而且，那是个风暴非常多的夏季。

那么，当我们指出 9 月海冰范围低值似乎与夏季气旋偏多有关时，为什么 1996 年 9 月会有那么多海冰呢？事后分析，它可能是数据不足的个例，或分析的方式不对，导致无法真正搞懂是怎么回事。接下来的一些工作，如那时在华盛顿大学的小木雅世（Masayo Ogi），则把这一问题搞清楚了，即多风暴的夏季基本上（不总是）有助于夏末海冰增多。风暴偏多的夏季环流型倾向于偏冷，导致夏季融化偏少。风场形势也有利于海冰辐散，因为逆时针旋转的气旋式风会使海冰向外扩散而覆盖更大区域。这听起来似乎有悖常识，因为低压系统的表面风场是辐合的，但如果你把所有的力都施加到冰上，至少在夏季，气旋式风场是有助于海冰辐散的。我们的专业论文通过了严格的同行评议，但仅仅通过同行评议并不意味着其结论就是正确的。而且我们确实错了。[25] 如果加上 1996 年，我们假定的海冰和气旋有关系的结论就站不住脚，这有利于沃尔什最近关于北冰洋上空海平面气压呈下降趋势的发现。

约翰·沃尔什、吉姆·马斯兰尼克和我都没有立刻注意到当时国家大气研究中心的一位年轻科学家吉姆·赫里尔（Jim Hurrell，写本书时他已经是主任）关于北大西洋涛动的工作，可能是同时期工作的原因。

北大西洋涛动的兴起

据说连维京海盗都知道北大西洋涛动(NAO)这一名词,但这不太可能。就像美国约翰霍普金斯大学(Johns Hopkins University)的托马·艾纳(Thomas Haine)在其专业论文(发表在皇家气象学会的《天气》期刊)中讨论的那样,维京海盗知道很多北大西洋环境的事,但他们既没有数据也没有方法知道北大西洋涛动是怎么回事。不过,北大西洋涛动的影响肯定几个世纪前就已知晓。在18世纪格陵兰的丹麦传教士汉斯·埃格德·索比耶(Hans Egede Saabye)于1745年发表的日记中就有相关的记载。他在日记中写道:丹麦人都意识到,当格陵兰西部冬季极其寒冷时,丹麦的冬季就会温和一些。反之亦然。[26]

北大西洋涛动反映的是北大西洋大气环流的两个半永久性"活动中心",即冰岛低压(因中心在冰岛附近而得名)和亚速尔高压(中心大致在亚速尔上空的闭合高压)强度的协变特征。协变性是指当冰岛低压较强(中心气压非常低,即该区域有许多气旋)时,亚速尔高压也较强(中心气压非常高)。此时称为北大西洋涛动正相位。北大西洋涛动负相位时则冰岛低压和亚速尔高压都较弱。这也意味着北大西洋涛动正相位时冰岛低压和亚速尔高压之间的气压梯度加大,由西向东的风速梯度加大,冬季会输送更多风暴和暖湿空气到北欧地区,导致那里的冬季温暖湿润。然而,冰岛低压后面的北风加强,会导致格陵兰西部冬季变冷(图17)。当北大西洋涛动负相位时,冰

北极扰动

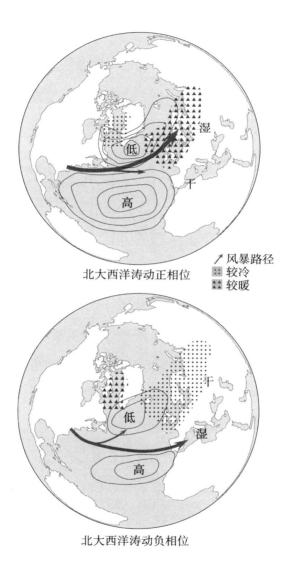

北大西洋涛动正相位

↗ 风暴路径
⊞ 较冷
▲▲ 较暖

北大西洋涛动负相位

图 17 北大西洋涛动正(上)和负(下)相位。美国国家雪冰数据中心亚历山大·克劳福德制作

岛低压和亚速尔高压之间的气压梯度减弱,风暴路径偏南,北欧较冷,格陵兰西部却相当暖和。

对北大西洋涛动的第一次正式分析是由吉尔伯特·沃克(Gilbert Walker)于 1932 年进行的。很快大家就知道可以用一个简单的指数来表征北大西洋涛动的相位和强度,即冰岛一个台站和亚速尔一个台站的标准化(即减去长期平均值后除以标准差)海平面气压差。基于台站建立的指数有许多变体,但它们都反映同样的事实,即当冰岛的标准化气压为负(低于平均值),亚速尔的标准化气压为正(高于平均值)时,北大西洋涛动处于正相位,气压差的幅度可以衡量北大西洋涛动正相位模态的强度。反过来则对应北大西洋涛动负相位。

1995 年 8 月,吉姆·赫里尔报告说,近 10 年冬季北大西洋涛动持续较强正相位,明显与欧洲偏暖、北大西洋西北部偏冷是一致的。[27] 接下来的 1996 年 3 月,也就是距沃尔什发表他的工作成果不到一个月的时间,赫里尔对这个课题进行了扩展研究,发现 20 世纪 70 年代以来欧洲甚至欧亚下游地区(比图 17 描述的区域更广)所有冬季都是偏暖的,而且同时期大西洋西北部几乎所有冬季都偏冷,这可以用北大西洋涛动的趋势解释。[28] 冬季北大西洋涛动指数从 20 世纪 60 年代和 70 年代以负指数为主转变为正指数,并于 90 年代早期和中期出现峰值,意味着冰岛低压和亚速尔高压渐渐地同时增强。

这个发现极其重要,因为它有助于直接了解查普曼和沃尔什早前注意到的温度变化形态。这篇文章也揭示了北大西洋涛动的影响

北极扰动

比之前预期的更广。当然,北大西洋涛动也不是万能的。例如,赫里尔的分析还不能说明在数据稀少的北冰洋温度等的变化趋势。但他的研究还是非常重要的,因为研究关注的时段不同,得出的温度变化结论也不同,它能在此方面提供一定见解,即研究结论与北大西洋涛动在那个时期所处的相位有一定关系。

我又想起对这些结果的归类。既然都与北大西洋涛动有很大关系,如何分辨哪些是与温室气体有关的信号呢?吉姆·赫里尔指出,尽管自 20 世纪 70 年代以来观测到的温度异常,在某些方面与气候模型所预测的温室效应导致的增暖特征有相似性(不只是高纬变化),但仍很难判断观测到的变化是对温室气体的响应,还是大气环流在年代际尺度的自然变率。可能北大西洋涛动的变化有助于解释沃尔什早期在 1996 年 2 月文章中提到的北冰洋海平面气压的变化?

吉姆·赫里尔回想起他当时的观点:"当时比较好的是,对观测的表面温度变化和模式预估的因温室气体强迫增强而引起的温度变化,都给予了同样的讨论和重视。出现几篇文章声称这种变化,至少其中的某些方面已超出自然变率范围。然而,我对海平面气压及相关大气环流变化的分析,却强调气候变率的主要形态或模态在年代际尺度上的转换。国家大气研究中心的凯文·川伯斯(Kevin Trenberth)和其他人也分析了太平洋的情况,但与北大西洋涛动有关的大西洋的变化还没有受到足够重视。当我能对北大西洋涛动引起的表面温度变化的空间形态和幅度进行定量研究时,我和其他人都很清楚,这需要更多研究才能理解年代际及以上尺度的内部变率,以及像北大西洋涛动这种变率的模态是如何受人类活动影响的。对我来说很有意思的是,同样的问题至今仍在研究。"[29]

亲爱的同事和 IPCC

距德特勒夫·库阿德法赛尔开始海洋观测仅 5 年,距查普曼和沃尔什关于海冰和温度的文章发表仅 3 年,1996 年就有了关于北极正在发生变化的广泛共识。我们远未认识到其中原因。这是北极系统以前出现过但因没有数据而未被监测到的某种自然变率吗?赫里尔发现的与北大西洋涛动的联系,以及沃尔什和其他人注意到的环流变化可能被解读为支持自然变率观点。我们发现了任何因温室气体而增暖的信号吗?对北极这些变化的广泛共识和模式预估结果都支持这个观点。也许北极变化需要这两种观点联合起来,才能加以解释。

在我看来,科学界开始真正组织起来试图解释所发现的事,大约是从 1996 年开始的,通过电子邮件或面对面的小组和大组讨论。大部分是海洋学家起了真正的带头作用。1996 年 12 月,8 位杰出的海洋学家杰米·莫里森、迈克·斯蒂尔、詹姆斯·斯威夫特(James Swift)、克努特·奥高(Knut Aagaard)、迈尔斯·麦克菲(Miles Mcphee)、克利·法尔克纳(Kelly Falkner)、罗宾·明希(Robin Muench)、诺贝特·昂特斯坦纳(Norbert Untersteiner)和气候学家约翰·沃尔什,共同起草了一封给"亲爱的同事"的关于北极变化的信。写这封信的目的是激发大家支持研究

北极扰动

北极问题,并通过电子邮件在北极研究界中广泛流传。信的开头是这样写的:"这封公开信是开展跟踪和理解北极主要环境变化项目的第一步。项目名称暂定为'北极变化研究'。"

考虑到这封信大部分是由海洋学家写的,该项目自然更关注北冰洋变化。当然也根据沃尔什和其他同事的工作以及杰米·莫里森那时即将发表的一个研究内容,讨论了北冰洋变化与大气环流转型的关系。但明显缺少的是对北极海冰变化趋势与观测到的气温变化证据冲突的讨论。从这个层面看,对"北极环境的主要变化"的解释本身就可能仍然是有争议的问题。

这封信强调通过观测可能描述出年代际尺度变化(在我看来,这是对证据的最好诠释),但是不可能断定与温室气体引起的增暖有关的长期转型从何时开始。为什么在给"亲爱的同事"的信中没有提及赫里尔关于北大西洋涛动的工作不得而知。考虑到大部分是海洋学家在关注,而且同时期发表的不同研究太多,所以最大的可能性是它只是被忽略了而已。这封信继续争论开展海洋观测项目的必要性,包括调查、浮标、海洋监测等,而且强调这必须是国际项目才行。这封信也意识到需要更好地理解大气变率的必要性,才能评价过去发生的事,如沃尔什记录的转向低压的证据。

第二次 IPCC 评估报告于 1996 年早期发布。[30]除了对观测到的变化进行评估外,评估报告还包括大量关于温室气体增长速率、气候辐射强迫、气候模拟和气候变化预估的讨论。"决策者摘要"中写道:"综合证据表明人类对全球气候的影响是显而易见的。"这一结论不仅是基于对观测的分析，而且是基于检测和归因方面的进展得出的，检测和归因是以区分人类导致的气候变化和自然对气候的影响为目标的。这些分析包括：（1）对比观测的气候序列与古气候代用记录，以正确地看待现在发生的变化；（2）使用气候模式，以便更好地理解自然变率相对于"强迫的"气候响应（增加温室气体浓度的气候响应）的变化幅度问题；（3）基于形态的研究，将观测到的变化的形态与那些由观测到的温室气体和气溶胶变化强迫的气候模式模拟的形态相比较。

IPCC报告警示说，定量研究人类对气候影响的能力仍然有限，因为这种影响的预期信号仍出现在自然变率的噪声中。从这种意义上说，IPCC报告与赫里尔关于北大西洋涛动的论证和"亲爱的同事"那封信强调的是一致的，即这可能只是年代际变率的基调。IPCC在表明数据解译方面仍在努力的同时指出，1973年以来两个半球的海冰范围都没有显著变化趋势。它还针对海冰变化趋势对季节和所关注时段，以及数据处理方式敏感等看法进行了讨论。IPCC也推断潜艇基于仰视声呐观测到的海冰厚度是多变的，但至少在1979—1990年间没有显示任何变化趋势。然而，这份报告确实承认近年来（1988—1994），尤其是春季，北半球积雪减少的证据。

所以，回过头来看，1996年是个分水岭。IPCC第二次评估报告出版了，尽管有些谨慎，但对人类在气候变化中所扮演的角色发表了更强有力的声明。"亲爱的同事"那封信的出现使北极研究界空前团结。

但在许多方面，未来五年发生的事件只会增加北极走向的不确定性。

第四章

尤娜谜

　　1997 年中期,在"亲爱的同事"邮件事件发生六个月后,似乎每一个知道北极在哪里的科学家都对不断变化的北极产生了兴趣。海洋学家准备了一项大型野外项目——北冰洋表面热量平衡(SHEBA)。气候模型学家负责预估北极在 21 世纪的变化。像我这样喜欢用数据说话的科学家,利用不断延长的气候记录和更新的信息进行研究,我们的活动逐渐得到北极原住民的理解。未来会发生怎样的变化呢? 原来的北极还会回来吗? 如果不能,那我们该如何应对呢?

　　一种看待大气层的新方式迅速掩盖了对北大西洋涛动的认识,认为它是变革的主要推动力。在许多人看来,一开始北大西洋涛动被认为是北极涛动(AO)的"小妹妹",它比北大西洋涛动更广泛、更基础。看起来,北极涛动提供了一个更完整的解释,它解释了整个北极地区正在发生的事,来自四面八方的科学家都加入了研究北极涛动的行列。于是 1998 年诞生了"北极环境变化研究"(SEARCH),北极涛动框架是其核心。那么,我们把这种日益连贯的北极变化称为什么呢?找一个生硬的缩略词不能表达全部含义。于是"尤娜谜(Unaami)"*一词被提了出来,这是尤皮克语(yup'ik),意为"明天",反映了未来的不确定性。

在20世纪末期,科学界对北极变化的看法还远未尘埃落定,混乱局面依然存在。许多人认为,北极对日益增大的温室气体浓度应该有所反应,但北极变化的归因问题依然存在。许多观测到的环境记录仍然没有得到确切的结论。有些记录的对错仍不确定,另一些因空间尺度不足无法说明整个北极地区的情况。通过对温度记录的分析后发现,高纬度地区的变暖虽然令人印象深刻,但它实际上并不比20世纪的年代际变温幅度大。"尤娜谜"与北极涛动有紧密相关性,这使北极变化在很大程度上看起来像是自然变化。

蓄势待发

经过SHEBA项目团队努力,1997年10月2日,在美国国家科学基金会和海军研究办公室赞助下,SHEBA野外研究项目起航。加拿大海岸警卫队破冰船"格罗塞特号(Des Groseilliers)"在波弗特海停了下来,原因是破冰船被冻结在那里,开始了长达一年的随冰漂流,

---

* 译者注:即不可预知、不可控制之意。科学家将之定义为:近期正在发生的年代际尺度的,与北极及邻近地区错综复杂的环境变化相关的综合现象。

尤娜谜

直到 1998 年 10 月 11 日结束。在此期间，SHEBA 项目一直都有 20—50 名研究人员在工作。位于新罕布什尔州（New Hampshire）汉诺威（Hanover）的寒区研究与工程实验室首席科学家唐纳德·佩罗维奇（Don Perovich）回忆说："SHEBA 是我参与的第一个关于气候变化的项目，它的重点是了解雪冰反照率反馈和云辐射反馈，并据此改进北极海冰在气候模式中的参数化过程。"[1] SHEBA 虽然在数据收集（至今仍在使用）方面成就了一个里程碑式事件，但它更大的贡献是进一步激励了做北极研究的科学团体。还有数百名科学家，即使没有直接参与这个项目，也在 SHEBA 中起到一定的作用。SHEBA 把人们聚在一起，这是推动科学进步的关键因素。

同样是在 1997 年，"大气再分析"同行将模式涉及的所有历史大气信息（如从无线电探空仪、卫星、下投式探空仪、飞机报告和浮标获取的海平面气压数据）融合到数值天气模型中，经过不断努力，改进了模式对大气循环的模拟效果。这是天气预报系统中使用的基本方法，构成了天气预报的基础，两者不同之处在于，再分析系统使用的天气模型是固定版本。在业务化的天气预报中，建模者不断调整模式以获得更好的预测结果。但在大气再分析系统中，这种方法并不很好。再分析的目标是获得持续几十年的具有内部一致性的大气场。对天气模型做出的任何微小改动都会改变模式输出结果，这可能导致温度和海平面气压等在气候不变的情况下，也会出现令人困惑的时间上的跳跃；但是，这只是模式调整的结果。再分析就是为了避免这个问题。再分析数据的出现突然使研究大气环流的长期变化变得更加容易,并且可以研究大气近期变化(如约翰·沃尔什和吉姆·赫里尔的记录)是如何适应大气背景变化的。第一套大气再分析数据集是美国国家环境预测中心(NCEP,是 NOAA 的一部分)和国家大气研究中心联合开发的,被称为 NCEP/NCAR 再分析。[2]欧洲中期天气预报中心(ECMWF)也很快发布了自己的大气再分析数据集。

我们仍需要看得更远一些:最近的北极变化与过去几百年相比到底有多大? 目光转向古气候重建工作。同年,由乔纳森·奥弗贝克(Jonathan Overpeck,当时在科罗拉多大学博尔德分校)领导的研究小组,利用各种代用指标反演了 400 年来北极夏季气温的记录。他们的主要结论是,20 世纪的北极是过去 400 年中最温暖的。[3]

乔纳森和他的同事试图从三个方面解释这 400 年记录中气温的变化:温室气体浓度的变化、太阳辐射(辐照度)变化以及火山喷发产生的大气气溶胶。尽管分析中有很多不确定因素,他们得出的结论是:贯穿 1820—1920 年的北极变暖期主要是火山活动减少和太阳辐射增加的结果。1920 年后,高太阳辐射和低火山气溶胶持续产生影响,但日益增大的温室气体浓度可能起到越来越重要的作用。乔纳森的研究并没有证明温室效应在北极气候变化中所起的作用,但它确实让更多的人倾向于认为是这个原因。

回到观测记录,我们认识到自己仍然没有掌握关于北冰洋表面

尤娜谜

温度的很多直接信息。海表温度升高了吗？沃尔什和其他人的研究无法说明这一点，因为他们的分析数据仅限于大陆和北极岛屿。我和乔恩·卡尔合作的工作是使用无线电探空仪和下投式探空仪，主要是对地表之上的大气进行研究。1997 年，西雅图华盛顿大学的西利·马丁（Seelye Martin），使用苏联北极 1961—1990 年[4] 的记录，想努力看到北冰洋到底发生了什么变化。他们的分析没有包括最近几年的原因很简单，北极项目由于苏联解体已于 1991 年结束。尽管这些记录在空间上分布很稀疏（任意时间均只有几个漂流站在运行），西利发现，在这段时间里地表变暖主要发生在 5 月和 6 月。这与使用下投式探空仪和无线电探空仪数据的发现相矛盾，后者没有显示任何趋势。虽然西利提出了一些论点用于解释这种差异，但这个问题仍未得到解决。新发布的 NCEP/NCAR 再分析数据也没有揭示北冰洋上空发生了什么；相反，引人注目的是与北大西洋涛动趋势有关的陆地变暖而北大西洋西北部变冷的模态。

为了进一步了解大气模态的变化，1997 年，我参与了另一项关于北半球气旋活动的研究。[5] 1996 年沃尔什指出：我们证明了最近北冰洋海平面气压在降低，这可能与该地区的气旋活动增加有关。我们还对一项较早的研究进行了深度剖析，说明在 1966—1993 年间整个北极的冷季气旋数量有所增加，而低纬度的气旋数量有所减少。这似乎与吉姆·赫里尔所讨论的北大西洋涛动变化有关，同时也暗示一些更大的变化，如风暴路径的整体转向。

1997—1998 年,科学家还进行了大量的建模工作,特别是关于年代际尺度的气候变化。安德烈·普罗舒丁斯基(Andrey Proshutinsky)和马克·约翰逊(Mark Johnson)(均在当时的阿拉斯加费尔班克斯大学(University of Alaska Fairbanks)。他们的研究表明,由于风向变化,北冰洋有两种相反的环流机制——顺时针环流和逆时针环流,每种都持续了 5—7 年。[6]他们认为,这些截然不同的机制可以帮助解释所观测到的北冰洋水文变化和海冰变化。波弗特环流的活动是这场争论的核心。从图 14 中看出,顺时针波弗特环流是北极海冰和海洋上层环流的一大特征。波弗特环流由上覆大气的平均顺时针环流驱动,即波弗特海高压。在大气反气旋运动期间,波弗特环流很强。在大气气旋运动期间,波弗特环流较弱,极地附近的海冰运动更具有逆时针性。安德烈和马克推测,北大西洋海洋表面温度的变化引发了这两种状态之间的转变,进而引发大气环流的变化。这与最初的想法一致,即北极内部可能存在"内部振荡",从而导致年代际尺度的气候变化,这就解释了约翰·沃尔什和他同事所看到的大气环流变化。麦克吉尔大学(McGill University)的劳伦斯·迈萨克(Lawrence Mysak)是这一基本观点的有力支持者,即认为北极的变化及变化原因似乎与人类对气候的影响毫无关系。

按照类似的思路,1998 年 5 月华盛顿大学迈克·斯蒂尔和蒂姆·博伊德(Tim Boyd)的研究表明,20 世纪 90 年代,北冰洋欧亚盆地的冷跃层已经缩退,覆盖面积明显小于往年。[7]斯蒂尔和博伊德强调,由于寒冷的盐跃层起到"绝缘体"的作用,阻止了来自大西洋水层的热量混合,其减弱会对海冰覆盖范围产生很大影响,广泛地说,会影响整个北极的能源收支。他们进一步推测,观测到的盐跃层衰退可能与表面风场模态变化有关,这种变化会影响淡水径流流入北冰洋时所到达的深度。

迈克说:"我画了一幅海洋分层图(如大西洋水、各种卤素层、表层水),并将它们与过去奥高、卡马克、琼斯和安德森的论文进行了比较。我记得我做过这样一件事,把它们全都绘好后放在会议室的桌子上,然后盯着它们看。我发现最近观测到的空间模态和振幅与我的预期完全不同。我先检查我的图是否画对。检查后发现是正确的。那么,结论必然是海洋各层的结构相对于过去的观测已经发生了变化。所以,我就不能只是画一幅漂亮的泛北极图就完事,我也要研究这些变化。在我那篇关于冷盐跃层退缩论文的最后,引用了普罗舒丁斯基和约翰逊关于气候变化论文中的观点。我也注意到,最近的一些观测值超出了历史观测范围,所以发生的可能不仅仅是简单的振荡。[8]虽然完全不需要用温室效应来解释冷盐跃层退缩的原因,但是迈克似乎已经半虚半掩地离开了。

北极涛动的兴起

1998 年 5 月 1 日,也就是迈克·斯蒂尔正在研究冷盐跃层的撤

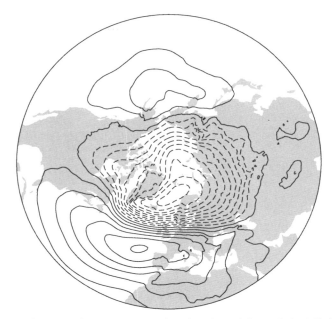

图 18　地球表面北极涛动模态。北极涛动有三个活动中心;北大西洋涛动有两个。来源:Hurrell, J. W., Kushnir, Y., Ottersen, G. and Visbeck, M.(2003)"An overview of the North Attantic Oscillation," in the North Attantic Oscillation: Climatic Significance and Environmental Impact (eds. J. W. Hurrell, Y. Kushnir, G.Ottersen and M.Visbeck), American Geophysical Union, Washington, D.C.

退的数周前,一名位于西雅图华盛顿大学的研究生戴夫·汤普森(Dave Thompson)和他的导师迈克·华莱士(Mike Wallace)一起发表了一篇题为"冬季位势高度和温度场的北极涛动特征"[9]的论文。北极涛动对北极研究的方向产生了直接和持久的影响。在许多方面,研究方向都是卓有成效的。在其他方面,正如我们将看到的,对北极涛动的研究热潮和对洋流漂移的关注随之而来。

　　戴夫和迈克认为,北大西洋涛动应被视为一个区域性大气表现

尤娜谜

形式,即只是一个更大的大气变化模态的一小部分,他们称这个更大的大气变化模态为北极涛动,也称为北半球环状模(NAM)。就像冥王星,经过多年的尊重后被天文学家降级为一个令人尴尬的矮行星,北大西洋涛动被降级为一个基本的大气模态。冬季北极涛动模态如图 18 所示,是用经验正交函数(EOF)对表面气压场进行分解得到的。我们不需要深入了解这些基本方法的原理,如我自己就从来没有完全理解过这个函数,这也许是我从来没有特别关心过它们的原因。

图 18 所示的等值线中有三只"牛眼"样的中心,对应于地表大气环流中的北极涛动"活动中心":一个北极中心(虚线)和两个低纬度中心(实线等值线),其中一个在北大西洋上,另一个在北太平洋上,这个中心较弱(等值线不密集)。北极涛动的模态与北大西洋涛动相反,北大西洋涛动只有两个活动中心,分别对应冰岛低压和亚速尔高压。北极涛动模态遵循这样的特征:如果北极中心的地面气压偏高,则大西洋和太平洋的两个中心气压偏低(两个偏低中心是大西洋和太平洋中心,它们用相同的符号,图 18 中两者均用实线表示)。相反,如果北极中心的地面气压偏低,则太平洋和大西洋中心的气压均偏高。与北大西洋涛动一样,北极涛动的相位和强度可以用距平值来描述,但这种情况是基于神奇的 EOF 分析得到的。随着时间的推移,人们发现在冬季指数中,北极涛动的变化与吉姆·赫里尔所记录的北大西洋涛动总体趋势一致,即从 20 世纪 70 年代的普遍负值转

直面新北极

变为 90 年代的正值。这意味着从北冰洋高压、大西洋和太平洋低压（高北冰洋、低大西洋和低太平洋）整体转变为反相位（低北冰洋、高大西洋和高太平洋）。

汤普森和华莱士认为，冬季北极涛动的变化不是由低层大气变化控制的，而是由高层大气控制的，即平流层。平流层是大气层的一部分，在北极距地表约 8 千米，在中纬度距地表 10—13 千米。平流层对地球大气的重要性仅次于对流层，其下方是对流层，上方是中间层。平流层的温度较对流层高，因为平流层的臭氧吸收紫外线辐射，在平流层中臭氧浓度会随高度增大，在距地面大约 24 千米的高度处达到峰值。

环极平流层涡旋是平流层环流的基本特征，是一种大规模的逆时针（气旋）运动。在涡旋中，风几乎沿着纬度从西向东吹来。因此环流被称为纬对称或环形（环状）。相比之下，对流层下部的环流模态是飘移的——风主要从西向东吹，但又南北蜿蜒，有点像大河。在近地层，环流甚至变成各种波，通常会分解成我们看到的气旋、反气旋以及与之相关的暖锋和冷锋。

汤普森和华莱士提出的基本观点是，如果极地平流层涡旋变强，北极涛动模态则转为正相位。其原因是，平流层风自西向东吹（大气科学家称其为"自旋"），北极低压和大西洋、太平洋高压将同时加强（前者意味着气旋度更强，天气转差，暴风雨来临；后者则意味着反气旋更强，天气晴好）。如果平流层涡旋由于某种原因减弱（它会自

尤娜谜

旋），则北极涛动会转为负相位，即北极低压中心气压升高，大西洋和太平洋海面高压中心气压下降。

平流层环极涡旋发生的情况与地表北极涛动模式发生的情况密切相关，用大气科学家的话来说，两者是耦合的。平流层涡旋的变化控制着北极涛动相位由正向负的转换，反之亦然。在汤普森和华莱士的论文发表后，大量的工作集中在北极涛动相位转换与"平流层爆发性增温"的关系方面，后者能迅速改变平流层涡旋过程。

北极涛动模态的兴起颠覆了传统思维。甚至在吉姆·赫里尔记录北大西洋涛动趋势之前，科学家就已经在思考为什么有时北大西洋涛动会长时间处于正相位或负相位。许多科学家认为这是由慢变的大西洋或热带海表温度异常所造成的。他们认为，巨大且持续偏高或偏低的海洋表面温度会影响其上方大气的加热，然后影响远离热气流的大气环流，进而表现出北大西洋涛动相位变化。

与之形成鲜明对比的是，在大气平流层控制的北极涛动模态中，科学家关注的是平流层臭氧的损失或对流层臭氧浓度的升高。冷却后，平流层就会出现漩涡，在近地表被视为向北极涛动正相位转换。臭氧的丧失意味着大气层吸收的紫外线减少。奇怪的是，虽然不断增加的二氧化碳浓度会导致地表和整个大气层增暖，但它会导致平流层变冷。

另一个关于冬季北极涛动的"基本"的重要论点是，它在南半球有一个对应的现象，称为南极涛动或南半球环状模。但是，南极涛动

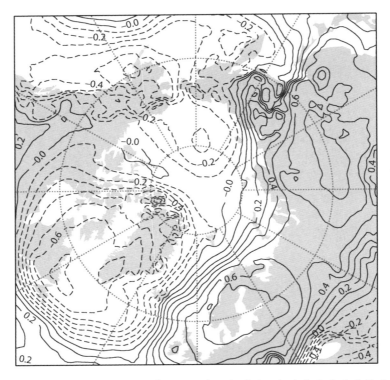

图 19 冬季北极涛动指数与地表气温的空间相关性。数字越大意味着关系越紧密。当北极涛动处于正相位时,欧亚大部分地区温度高于平均水平(实线),而北美东北部、格陵兰岛以及北太平洋区域的温度低于平均水平(虚线)。北极涛动与北冰洋中部地区的温度没有很强的相关性。温度数据来自大气再分析。国家雪冰数据中心亚历山大·克劳福德制作

现象更简单,没有三个活动中心,它是对称的,或只是一个环。如果气压低于南极上空的平均气压,那么在南方它们高于平均水平,反之亦然。有观点认为,如果没有北半球大气扰动因素,如落基山脉、喜马拉雅山脉、格陵兰冰盖等,北极涛动表面上看会更像南极涛动。原因很简单:因为冬天海洋比陆地暖,南半球的扰动效应较少;除南美

洲外,风在南极大陆上的表现相当清晰。在南半球,我们可以看到,若南极涛动向正相位转变,基本上是大气质量从南(南部地表气压下降)向北移动(北部地表气压增强)。同样的观点也适用于北半球北极涛动向正相位转移,即意味着大气质量从北极转移到中纬度,但这种转移集中在太平洋和大西洋中心,如图 18 所示。

研究发现,与北大西洋涛动一样,冬季北极涛动指数总体呈正趋势。这可以解释最近欧洲和欧亚大陆下游地区的地表变暖格局,以及西北大西洋上空的补偿冷却。与北大西洋涛动相比,北极涛动似乎能更完整地解释温度模态(图 19)。

沃尔什指出,北极地区的气压变化似乎更符合北极涛动机制,而不是北大西洋涛动机制。此外,对许多人来说,北极涛动背后的物理原理很有吸引力。尽管科学界并没有普遍接受北极涛动机制(稍后会详细介绍),但很快成为主导范例,而且是在关键时刻。

黎明的搜索

1997 年 11 月,在西雅图的华盛顿大学举办了一个由美国国家科学基金会 ARCSS 项目支持的大型公开研讨会,目的是探索正在发生的变化,并设计一个科学项目来研究和理解这些变化。迈克·莱德贝特(Mike Ledbetter)领导 ARCSS 项目,是该计划的强有力支持者,从前一年"亲爱的同事"信件传播到 ARCSS 项目建立,反映了一种上

直面新北极

升趋势。事实是,一些科学家离开 SHEBA 冰川营地而去参加研讨会。

　　这个研讨会的主题是"北极变化研究"。研讨会报告基于观测和模式研究结果,横跨海洋、大气和冰川等领域,工作小组集中后进行分组讨论以解决研究问题和制定研究策略。大家都很兴奋。北极正在发生变化,SHEBA 正在运作一个大的野外项目,这个团体得到国家科学基金会和其他机构的支持,如美国国家航空航天局和国家海洋与大气管理局。这是研究北极的科学家的大好时机。研讨会报告于 1998 年 8 月出版。研讨会期间,北极涛动已成为镇上谈论的热点话题。通过会上对北极涛动的介绍和讨论,我们更好地理解了这些变化之间的广泛联系。总的来说,我用加点字表示强调,表面风场的变化模态与冬季北极涛动转向正相位有关,这驱动了表面气温变化模态的改变;海冰与海洋环流的变化传递了在北冰洋观测到的许多水文变化,大西洋流增强和冷盐跃层撤退。但是,有很多问题,仅仅跟北极涛动相关吗? 是否还有一个背景变暖可以解释海冰范围逐渐减小的趋势? 乔纳森·奥弗贝克和他的同事对古气候研究表明,北极的夏季温度是过去 400 年来最高的。这意味着可能还有其他因素。冬季北极涛动指数变化是自然年代际变率的表现还是反映了某种人为影响,如平流层冷却? 科学家喜欢神秘。几个月后的 1998 年 10 月 20 日,美国国家科学基金会启动了北极变化研究,新项目的名称略有不同,即"北极环境变化研究",主要是因为添加了额外的

尤娜谜

词——"环境",这是一个更博眼球的缩略词。现在很明显,科学家也因发明所有东西的首字母缩略词而臭名远扬,有时是双重的,甚至是三重的首字母缩略词。有时首字母缩略词的使用非常广泛,以至于构成首字母缩略词的原词变得无关紧要(如 NASA),甚至被遗忘。但是,SEARCH 的首字母缩略词还算不错。

在美国国家科学基金会的资助下,SEARCH 科学小组被召集起来编写 SEARCH 科学计划。我被邀请成为 SEARCH 科学指导委员会成员。我们在 1999 年 4 月开会,编写了一个初步的大纲(所有大型的美国国家科学基金会科学项目都需要一个科学计划),并把科学计划研讨会的邀请列表放在一起。除了我,出席会议的最初成员还包括一些已经介绍过的科学家,如杰米·莫里森(SEARCH 主席),吉姆·奥弗兰(他和杰米是大人物)和乔纳森·奥弗贝克,大卫·巴蒂斯蒂(David Battisti,大气动力学,华盛顿大学),哈约什·艾肯(Hajo Eicken,海冰,阿拉斯加大学),洛乌·科迪斯波蒂(Lou Codispoti,北冰洋生物地球化学,马里兰大学;他对官僚主义毫无耐心)。随着SEARCH 的发展,随后又增加了其他成员以解决生物学问题[杰姬·格雷布迈尔(Jackie Grebmeier),田纳西大学]和社会科学问题[杰克·克鲁泽(Jack Kruse),马萨诸塞大学]。

为了帮助制定科学计划,杰米·莫里森希望"用一个词来描述自己所感受到的年代际尺度的海洋大气耦合行为"。这个想法是为了让事情集中起来,给这种综合征取个名字,类似于"厄尔尼诺"和"南方涛动"。我觉得这个主意不错。[10]经过大量的协商，我们最终采用"尤娜谜"这个名字，在尤皮克语中意为"明天"。观测到的北极变化正在使人们更加难以预测未来会发生什么。SEARCH 的核心目标是理解"尤娜谜"，这是我们的使命。

世纪合幕

1998 年至 20 世纪末，是多事之秋。越来越多的证据表明，至少在某些地区，多年冻土区域还在继续变暖。北极海洋水文变化的证据越来越多。尽管 1996 年 9 月海冰范围很大，但整个北极的海冰范围的总体下降趋势仍然在继续并增大。[11]换句话说，"尤娜谜"越来越突出。1998 年 9 月，波弗特海和楚科奇海的海冰范围再创新低。与此同时，华盛顿大学的德鲁·罗斯罗克（Drew Rothrock）、加里·马伊库特（Gary Maykut）和 Y.Yu 一直在看潜艇声呐记录的浮冰。[12]

冰龙骨是海冰在海面下的部分（大约占 90%，且变化不大），这是通过仰视声呐观测的；在水面以上的大约 10% 被称为海冰干舷。通过 1993—1997 年期间收集的数据与早期 1958—1976 年期间的记录进行对比后发现，北冰洋深水区的大部分，在这两个时期之间的冰龙骨高度已经平均下降了 1.3 米（潜艇避开浅水区是可以理解的），如图 20 所示。这是第一个确凿的证据，证实在观测到的海冰覆盖范围减小的同时，海冰也在变薄。换句话说，海冰的体积正在缩小。

尤娜谜

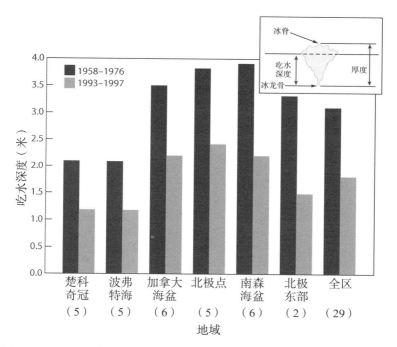

图20 1958—1976 年和1993—1997 年期间北极海冰吃水深度减小。美国国家雪冰数据中心提供

其他领域的项目也在进行中,如美国国家科学基金会资助的"北极陆—气系统迁移"(ATLAS)项目,旨在解决二氧化碳、甲烷、水、能量和营养物质在地表和大气之间的迁移问题。我参加了1999 年和2000 年的 ATLAS 季。活动集中在阿拉斯加州康瑟尔(Council)村附近(夏季约有20 人,冬季没有人),距诺姆(Nome)约96 千米,位于纽克卢克河岸边。1897—1898 年,康瑟尔村见证了淘金的全盛时期,当时在纽克卢克的一个小支流中发现了黄金,大约有15 000 人曾经住在那里。1900 年诺姆附近发现了更大的金矿,人们就离开了。康瑟

直面新北极

尔村周围有很多历史痕迹,包括一个巨大的疏浚和布塞勒斯蒸汽铲,还有非常大的棕熊和驼鹿四处走动,人们在徒步旅行时必须保持谨慎。

那里的景观是由低地的冻土带灌木以及海拔较高、排水更畅的北方森林混合而成的。ATLAS 选择康瑟尔村是反映了这样一种想法,即这里可以代表冻土带环境,如目前描述阿拉斯加北坡的环境。我的任务之一是从苔原和森林的位置发射无线电探空信号(森林就是在其中挑选一小块空地),看看不同的环境如何影响温度、湿度和风的垂直剖面。我还协助植物学家评估生物量。

我们努力工作,学到了很多,除了几名来自明德学院(Middlebury College)的高材生(他们从事树芯钻取工作,我们称他们为"树人")。尽管拥挤、潮湿和不卫生,但都相处得很好。一次为 20—25 人做饭可能是一项挑战,但当地村民给我们带来的各种做法的驼鹿肉从来没有短缺过,包括驼鹿心脏和鼻子。有时早餐是驼鹿肉饼,午餐是玉米煎饼夹驼鹿肉,晚餐是烤驼鹿肉。在特殊场合,我们可能会拿驼鹿肉当早午餐。

在第一季中间,一位年轻的科学家带着她生病的婴儿来到营地,这个婴儿被大家(也许是不公平的)指责为不久迅速传播的令人讨厌的胃病毒的罪魁祸首。但我们最终都康复了,包括那个倒霉的孩子。与此同时,有位直升机飞行员,我们叫他吉姆·斯普林(Jim Spring),他用粗俗的幽默、低级的技巧以及令人印象深刻的打野火鸡的超凡能力逗我们开心。其抗菌性可能是他免于被传染胃病的原因。他喝酒很小

尤娜谜

心,按照他的说法,规定飞行员在飞行前 12 小时内不能饮酒。他会看表,然后在禁止饮酒时刻前的几秒内,喝下最后一口野火鸡威士忌酒。

虽然我个人认为"尤娜谜"这个词还不错,但我开始有点担心 SEARCH 科学计划在北极涛动周围被设计得过于复杂。我一直在专注于理解北极大气环流模态的变率,虽然北极涛动和北大西洋涛动的痕迹是明确的,但显然还有更多的事在发生。北极涛动解释了北半球冬季环流中大约 25% 的变化,虽然这很好,但这意味着还有 75% 是其他东西。人们可以用基本上相同的北极涛动指数来绘制两个冬天的平均海平面气压场,但是它们看起来可能非常不同。

其他科学家,像美国国家大气研究中心的克拉拉·德塞尔(Clara Deser),担心北极涛动比北大西洋涛动更加"基本"。[13]克拉拉说: "当汤普森和华莱士将北极涛动模态的周期变化,即比著名的北大西洋涛动更基本的概念引入时,我怀疑与之联系的北太平洋中心的活动及其活动中心,比在北冰洋和大西洋北极涛动和北大西洋涛动更常见。对数据的简单分析表明,太平洋中心与其他中心没有显著的相关性,而且在很多时间尺度上都是如此。因此,北极涛动并没有表现出单一的动力学模式。后来其他人的研究证实了这一结果。尽管如此,北极涛动的简单性还是很吸引人的,因为它像南半球之南极涛动的'镜像'。但必须记住,北极涛动中的太平洋活动中心与北极涛动其余部分之间的联系相关性不大。"[14]

阿曼达·林奇(Amanda Lynch)是布朗大学的大气动力学科学

家,也是 ATLAS 的领导者之一。他说:"南极地区具有我们所说的高度'地带性对称'。也就是说,当你绕着极点转一圈时,不会有太大的变化。"不管是海洋还是冰盖高原,取决于你向南有多远。北极要复杂得多,当你在北极任何地区旅行时,你可能会看到浮冰,然后是落基山脉;开阔的海洋,森林和广阔的苔原平原,然后是陡峭的冰原。由于这个原因,旋转的地球和大气产生像南极涛动那样本来很简单的环形模态会不断受到复杂地表的干扰。"[15]

如果太平洋和北极的中心不相关,而北极和大西洋的中心是相关的,那么北极涛动本质上就是北大西洋涛动。回顾图 18,北极涛动中大西洋活动中心的焦点几乎与北大西洋涛动活动中心完全对应——冰岛低压和亚速尔高压。有这样一种观点,即"如果地球是平的、无特征的(无变形影响),北极涛动就会看起来是环形的",但事实上地球不是平的,也不是无特征的,所以你不能说北极涛动本质上是环形的。尽管存在这样的疑虑,北极涛动仍然是北极气候研究的优势模态和"尤娜谜"的核心。

与此同时,我还试图将北极近期变化的所有现有证据整合成一篇论文。其灵感部分来自参与 SEARCH 的研究工作,在很大程度上反映我想要尝试和理解事物的需要。合著者有约翰·沃尔什、杰米·莫里森、罗杰·巴里(我在 20 世纪 80 年代中后期的论文导师)、多年冻土专家汤姆·奥斯特坎普(Tom Ostercamp)和弗拉基米尔·罗曼诺夫斯基(Vladimir Romanovsky)、陆地生态学专家特里·查平

尤娜谜

（Terry Chapin）和沃尔特·奥切尔（Walt Oechel），以及冰川专家马克·迪耶格洛夫（Mark Dyurgerov）。我们研究了北冰洋的变化、气温、大气环流、冰川物质平衡、森林火灾频率和陆地光合作用，并与当时气候模型对北极变化的预测进行了比较。经过很多次修正（我记得，2号同行审稿人提了很多的建议和意见），后论文发表于2000年4月，题目是"最近北极环境变化的观测证据"。

摘要的第二段总结了我们的观点："综上所述，这些结果描绘了一幅相当连贯的变化图景，但对这些结果的解读是：关于温室效应的增强信号仍然是有争议的。"许多环境记录要么短，要么数据质量不好，要么空间覆盖不足。最近的高纬度变暖幅度也不比20世纪的年代际温度变化大。然而，一般的变化模态大体上与模型预测一致。北半球最近明显上升的冬季气温中，大约有一半反映了大气环流的变化。然而，这种变化与人类活动没有矛盾，包括北大西洋和北极涛动的一般正相位和对极地外厄尔尼诺南方涛动的响应。从古气候记录的数据也可以看出人为影响。古气候记录表明，20世纪的北极是过去400年中最温暖的。

简单地说，尽管有越来越多的证据表明温室效应在全球和北极变化中起作用，但是我们仍然没有被说服。再说一遍，问题不在于人类是否会对北极气候产生影响，而在于人类如何对北极气候产生影响。在我看来，答案仍然是非常响亮的"也许"，在北极发生的所有变化中，很多"尤娜谜"看起来仍然像是自然气候变化。可是，转折点就在眼前。

第五章

顿悟

　　21 世纪来临。北极的变化变得越来越明显,包括格陵兰冰盖、冰帽和冰川,甚至连地貌景观也在改变。往日那些看不到一棵树、寒风习习的草甸地带已被灌木丛所占据。到目前为止,许多北极科学家相信,我们已经超越了自然变化。但我并不是唯一一个还在观望的人。预期中的北极放大效应仍然不是特别突出。而且,在我看来越来越明显的是,这么多正在发生的事都与北极涛动有关。因此,人们不是十分需要援引温室气体浓度上升来解释"尤娜谜"。然而,在北极涛动影响的高峰期,发生了一些非同寻常的事。北极涛动和它的"小妹妹"北大西洋涛动从它们的强正相位开始减弱。但是,北极仍在不断变暖,海冰覆盖范围不断缩小。在 2003 年的某个时候,我看到了曙光,"尤娜谜"不仅是一个自然的气候循环,而且是我们头脑中的思维在"自然循环"。

IPCC 第三次评估

与我们在 2000 年发表的论文《北方高纬度环境近期变化的观测证据》中所表达的谨慎声明形成鲜明对比的是,IPCC 在 2001 年发布的第三次评估报告(TAR)中,高度自信地表达了就全球整体而言人类对气候变化的影响清晰可见的观点。[1]这些数据坚定地表明,20 世纪全球平均气温上升了约 0.6 摄氏度。20 世纪 90 年代是器测记录中最温暖的十年。对古气候资料的分析表明,在过去的 1 000 年中,20 世纪的气温增幅可能是以往任何一个世纪中最大的。IPCC 在决策者摘要中写道:"有新的更有力的证据表明,过去 50 年观测到的大部分变暖是人类活动造成的。"然而,报告中也指出,气候的某些方面并没有改变。例如,南极海冰仍然相当稳定。

气溶胶的作用引起了广泛的关注。人们很容易理解的是,化石燃料燃烧后注入对流层中短寿命的气溶胶,主要是通过吸收和散射太阳辐射,在其到达地表之前具有冷却大气的效应。短寿命意味着气溶胶在对流层中的停留时间只有几周,它们在对流层中会很快被淋洗掉。当然,它们在被快速淋洗的同时也会得到源源不断的补充。相比之下,像皮纳图博这样大规模的火山喷发,可以将硫酸盐气溶胶注入平流层中,在那里滞留的时间更长。因此,化石燃料燃烧的影响具有两面性:一方面产生的二氧化碳会导致变暖,另一方面产生的气溶胶会抵消变暖。我们还开始关注气溶胶重要的间接影响,因为它们可以影响云团的反照率和寿命,这极大地影响了地表能量平衡。

21 世纪初,计算能力不断进步,使气候模型对物理过程进行更详细的数学表达成为可能。IPCC 声称对利用气候模型预测未来气候的能力更有信心,但预估不确定性范围很宽。例如,据预估,1990—2100 年地球表面的平均温度将从 1.4 摄氏度增加到 5.8 摄氏度,同期海平面上升 0.1—0.9 米。这反映了未来温室气体排放速度的不确定性,以及气候模型仍然存在相当大的缺陷,这些缺陷与模型对云物理过程的处理及其与辐射和气溶胶的相互作用有关。

北极涛动狂热

2002 年,作为博士工作的一部分,西雅图华盛顿大学的伊格内修斯·里戈尔(Ignatius Rigor)博士,与迈克·华莱士和罗杰·科洛尼(Roger Colony)合作,仔细研究了北极涛动与海冰范围之间的联系。[2] 众所周知,9 月海冰范围的缩减趋势越来越明显,主要是西伯利亚和阿拉斯加海岸的海冰损失,但不清楚其中原因。伊格内修斯·里戈尔发现,冬季北极涛动指数攀升至如同 20 世纪 90 年代的正值时,海冰运动变为一个气旋性更强(逆时针)的模态,这和海平面气压和表面风场转向气旋型模态是一致的,正如数年前约翰·沃尔什提出北极涛动时已经出现的情景。海冰运动的变化倾向于把更多的冰从西伯利亚和阿拉斯加海岸拽走,同时也使大量海冰发生破裂。当冰从海岸被带离时,便留下了开阔的水域。当开放水域重新结冰时,整体效果是产生了更多的初生冰,也就是说,当春天来临,沿海地区的冰逐渐变薄。薄冰更容易在夏天融化,这就解释了为什么在20世纪90年代,人们开始在这些海岸上观测到大量的夏季冰的损失。在后续研究中[3],伊格内修斯·里戈尔和迈克·华莱士发现,与冬季北极涛动正相位相关的大气环流模态,特别是1989—1995年期间占主导的大气环流模态,使老而厚的海冰通过弗拉姆海峡被运送出北冰洋,从而减小了多年冰的范围。上述现象使北冰洋出现新的薄冰。在几年时间里,这些薄冰通过波弗特环流回流到阿拉斯加沿岸水域,在那里观测到夏季大量的海冰消融。

伊格内修斯的研究很好,解释了很多现象,但同时干扰了我。因为它进一步强化了两个概念,尽管IPCC第三次评估报告中已经得出结论,要将全球作为一个整体,但仍没有必要借用"邪恶气体"(有人如此称呼温室气体)来解释所观测到的北极变化。也就是说,除非北极涛动的趋势本身是某种温室效应的信号形式,但这仍然属于未知的范畴。

伊格内修斯的工作引起很多人的讨论。而且,无论是好是坏,它为本就得到众多支持的北极涛动潮流增添了动力,正如上一章所讨论的,自从1998年戴夫·汤普森和迈克·华莱士发表了他们关于北极涛动的第一篇论文后,一篇又一篇的研究将北极涛动与从温度到降水,再到河川径流,以及海冰(伊格内修斯的研究)联系在一起。笑话到处都是,为了发表或为了得到一个项目资助,或为了一个需要证明的东西,无论他们在研究什么,都与北极涛动有联系。所以,它已不单是一种潮流,俨然是一种北极涛动狂热。

陆地冰

有人似乎没有被北极涛动所吸引,他们是研究格陵兰冰盖的冰川学家。格陵兰冰盖是我们这颗星球上的两个冰盖之一,另一个是南极冰盖。格陵兰冰盖比南极冰盖小得多,但它仍然含有约 290 万立方千米的冰,如果全部融化,全球海平面将上升 7 米多(图 21)。因此,格陵兰冰盖对气候变暖的响应受到了关注。

2000 年 7 月,美国国家航空航天局戈达德太空飞行中心瓦勒普斯飞行队的比尔·克拉比尔(Bill Krabill),带领一个团队完成了估算格陵兰冰盖物质平衡的任务。他们使用了 1993—1994 年和 1998—1999 年在格陵兰北部开展的飞机激光高度计测量,以及来自冰盖南部的其他数据。[4]高度计测量地表高程是通过比较不同年份的高程数据,以确定高程的变化,这与物质平衡的变化有关。从这些稀疏的数据中,克拉比尔的研究小组得出结论,冰盖在较高的海拔处正在变厚,而在较低的海拔处却在变薄,但总体而言整个冰盖物质在亏损。因此,格陵兰冰盖对海平面上升作出了贡献。

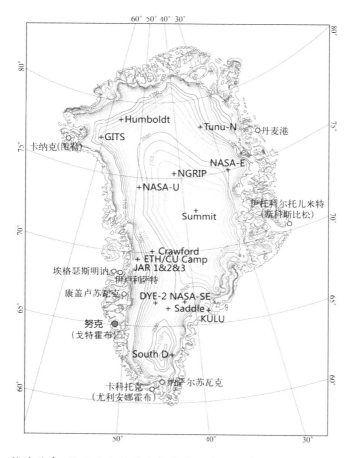

图 21 格陵兰岛,显示了冰盖的海拔高度和自动气象站的位置。来源:Box, J.E., and K. Steffen, K. (2001), Simulation on the Greenland Ice Sheet from Automated Weather Station, Journal of Geophysical Research, 106(D24),33,965 – 33,981

　　每年春天和夏天,格陵兰冰盖在较温暖的低海拔区域都会出现表面融化。融化的量取决于海拔、纬度和雪表面的能量平衡(能量平

顿 悟

衡又取决于温度和当时的天气状况),冰融化成的水(简称融水)可以渗透到更深的雪层中,然后再冻结,或在低海拔地区形成径流而排泄到海洋中。虽然融水径流的变化与海平面的变化直接相关(冰山的形成是冰盖物质损失的另一种主要方式),知道融冰的总面积就能说明冰盖是如何变化的。对特定的夏季而言,融化的面积越大,表面径流就越多。

2001年,美国国家航空航天局的瓦利德·阿布达拉提(Waleed Abdalati)和科罗拉多大学博尔德分校的康拉德·斯蒂芬(Konrad Steffen)对1979—1999[5]年期间冰盖表面消融程度进行了分析。他们的主要问题是:消融的空间格局是什么? 消融范围是否发生了变化? 已经证明,利用卫星主动微波数据可以探测到地表融水的存在。同样的卫星数据,也可用于监测海冰范围和陆地积雪范围,只是应用到不同对象。在过去21年的记录中,阿布达拉提和斯蒂芬发现冰盖消融程度呈上升趋势,这主要是由于西部地区的环境变化。这是一个很小的趋势,而且有相反的证据,比如格陵兰冰盖的消融程度每年都有很大的变率,还包含了1991年皮纳图博火山喷发时的寒冷信号。但是,尽管如此,这个趋势进一步证实了格陵兰冰盖物质平衡已转负值。

2002年7月,美国国家航空航天局冰川学家杰伊·兹瓦利(Jay Zwally)发表了一篇颇具影响力的研究论文,题为"格陵兰冰盖表面融化导致流动加速"。[6]他指出,在格陵兰冰盖西部的零平衡中心地

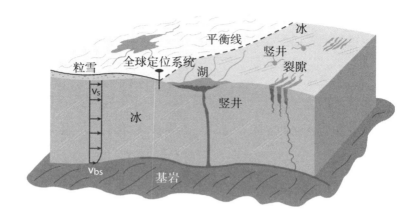

图22 与兹瓦利效应相关的因素示意图。来自 Zwally, J., W. Abdalati, T. Herring, ct al.(2002), "Surface melt-induced acceleration of Greenland Ice-sheet flow"Science, 297, 218 - 222(经美国科学促进会同意后翻印)

带(冬季物质增加等于夏季损失),冰盖流动在夏季加速,几乎与夏季融化的时间一致,然后在融化结束后放缓。兹瓦利得出的结论是,在夏季,大量的融水会迅速涌向冰盖的底部,这些融水减小了冰与基岩之间的界面摩擦,从而使冰层沿着基岩表面更自由地滑动(图22)。表面融池的快速排水系统——冰川竖井被认为起了关键作用。竖井是冰川或冰盖中一个大致呈圆形、近乎垂直的井形洞,水可从表面灌到底部。

这一过程的发展称为兹瓦利效应。其内容为:随着气候变暖,产生更多的融水,进一步增强了冰的底部滑动,从而增强了冰盖大型冰流系统——冰山的崩解。而且,随着气候变暖,融池发育,如融水竖井等快速排水区域不断发展,高海拔区域的底部滑动也会增强。因

顿　悟

此，冰盖可以通过更直接的融水径流和增强兹瓦利效应来加速物质损失。后来的研究表明，导致冰流持续加速的重要原因是冰舌区变薄，这降低了后向压力，兹瓦利的论文是理解冰盖如何变化的重要一步。

据科罗拉多大学环境科学合作研究所现任主任（也是我的"老板"）瓦利德·阿布达拉提描述："令很多科学家震惊的是，在 2000 年之前，我们不能令人信服地说格陵兰冰盖是增加或减少，因此海平面上升或降低也无法定论。2000 年，我们得到了答案（克拉比尔的研究），但我们不知道接下来会发生什么。2003 年开始，世界上移动速度最快的冰川之一——格陵兰西海岸的雅各布港（Jakobshavn）冰流的崩裂锋开始以每年大约 1 千米的速度迅速消退，这一地区的融化越来越快。随后，冰流的速度几乎翻了一番，从每年 7 千米增加到每年 14 千米，这极大地增加了格陵兰通过这条冰河所损失的冰量。在随后的几年里，在格陵兰周边的许多溢出冰川都发现了类似的行为。这种增加的冰流量，加上地表融化速度的增加，导致了冰盖失衡和海平面上升的显著增加。"[7]

更多的信息来自北极冰川和冰盖的退缩。根据有限的数据，1997 年，科罗拉多大学博尔德分校的马克·迪耶格洛夫和马克·迈尔（Mark Meir）记录了冰盖和冰川的全面退缩。[8] 5 年后的 2002 年，由阿拉斯加费尔班克斯大学的安东尼·阿伦特（Anthony Arendt）领导的研究小组完成了对阿拉斯加冰川物质平衡变化的评估。[9] 他们的结论引起了人们的关注：在 20 世纪 50 年代中期到 90 年代中期，阿拉斯加冰川似乎每年平均变薄约 0.5 米，减薄速率随着时间的推移而增加，大量的损失显然比格陵兰冰盖对海平面上升的贡献更大。

科学家一直关注的另一个地球冰冻圈的组成部分是多年冻土。正如我在 2000 年的论文中总结的那样，冻土层温度的变化似乎有点参差不齐，但总的来说是变暖。2002 年，阿拉斯加费尔班克斯大学的冻土专家弗拉基米尔·罗曼诺夫斯基将冻土记录作为气候变化的指标撰写了一份评估报告。[10] 作为这项研究的一部分，美国（阿拉斯加）、俄罗斯和加拿大的冻土温度变化被总结出来。尽管弗拉基米尔·罗曼诺夫斯基所做的各个研究的记录长度各不相同，但总结出除了魁北克北部以外，所有地区都在变暖。人们认识到，在某些地区，导致多年冻土温度升高的原因并非一成不变。显然，变暖的原因不仅与气温的变化有关，也与冬季积雪的变化有关。雪很重要，因为它是一种非常有效的"绝缘体"。如果雪很薄，在冬天，陆—气界面通过从土壤和表面传导热量来迅速降温，而冬季积雪较厚就限制了热传导，因此地面可以保持较暖。

灌丛化

北极地区主要是苔原地带：气候太冷，树木无法生长，植被主要局限于矮小的灌木、莎草和草地以及苔藓和地衣。2001 年，马修·

顿 悟

斯特姆（Matthew Sturm）、查尔斯·拉辛（Charles Racine）和肯尼思·泰普（Kenneth Tape）研究了灌木丛的生长，表明气候在变暖。[11]早在1948年，作为石油勘探活动的一部分，拍摄了数千张阿拉斯加布鲁克斯山脉和海岸之间的照片。在1999年和2000年，斯特姆、拉辛和泰普在许多相同的地点拍摄了照片，他们借此比较了一些灌木物种的变化。许多对照片记录了大量的灌木高度和直径的增加及1948年苔原带被灌木替代的事实。

在更大范围内，周黎明和他的同事发现，在40°N—70°N的欧亚大陆上（其中至少有一部分是北极），1981—1999年期间卫星资料显示[12]，大约61%的植被覆盖区域NDVI持续增加。第二章中，NDVI是一个反映在光合作用的基础上，绿色植物反射不同波长光的指数。同期北美地区的变化模态更为概略。在阿拉斯加、加拿大北部和欧亚大陆东北部发现NDVI下降；这种减少与干旱有关，在干旱条件下，气候变暖不会同时增加降水。然而，斯特姆和他的同事在照片上也发现有小尺度的变化，与大规模的NDVI分析结果之间很难形成可靠的对比。周黎明的结果表明，与北美大陆相比，欧亚大陆NDVI大面积明确增加，似乎在支持欧亚显著变暖。

预估的测试

正如前面所提到的，计算能力的增长导致了新一代气候模型得以更完整地表达气候过程。有了这些模型,科学家开始更深入地研究北极在 21 世纪的演变。2003 年,NCAR 的玛丽卡·霍兰和华盛顿大学的塞西尔·比茨(Cecilia Bitz)合作研究了北极放大效应的未来演化。回想一下,北极放大效应是指人们长期以来的预估:随着地球变暖,北极将会变得更暖。在第二章中讨论了引起北极放大效应的不同过程。玛丽卡和塞西尔发现,当二氧化碳浓度翻倍时,根据模型,北极变暖比低纬度地区的变暖高出 2—4 倍。[13] 一方面,放大效应的巨大不确定性显示,建模工作还存在许多物理过程及其相互作用等方面的持续挑战;另一方面,所有的模型在关键点上都非常一致,即会出现北极的放大效应。但是,有任何直接观测的证据表明北极的放大现象已经出现了吗?

我们知道,1920—1940 年北极显著增暖,直到 1970 年才变冷[雷蒙德·布拉德利在他 1972 年的论文(见第一章)中提到的变冷时期],1970 年后又开始增暖。然而,1920—1940 年的增暖似乎和 1970 年后的增暖一样严重。气候变化怀疑论者(或乐观主义者)认为最近的强烈增暖并没有特别之处,尤其是北美东北部的降温与之形成补偿,这与北极涛动和北大西洋涛动相位的变化完全一致。

阿拉斯加费尔班克斯大学的伊戈尔·波利亚科夫(Igor Polyakov)和同事利用北半球年平均气温数据集,对北极放大效应进行了严密分析。[14] 最近几年的北极数据集包括来自俄罗斯北极营地和漂流浮标的数据。他们首先分析了北半球和北极最近 17 年的记录（1985—2001），然后计算了一个新趋势，将每一项记录向前延长一年（1984—2001），然后再向前延长一年（1983—2001），以此类推，直到形成 1875—2001 年的完整记录长度。这一做法有利于在连续较长的记录数据中观察北半球和北极的变化趋势。尽管在气象站记录数据非常稀少的早期，人们有理由对温度时间序列的质量提出疑问，但结果很有趣。1985—2001 年北极温度每十年上升 0.6 摄氏度，是北半球相应数值的两倍。这表明，尽管北极放大效应是基于气候模型预估的，而且与北极涛动和北大西洋涛动有明确的联系，它已真实存在。然而，随着记录的延长，北极放大效应却变得越来越小。当记录向前延长 60—80 年时，趋势分析得出的北极变冷非常微弱，相比之下，北半球变暖的幅度也很小。再往后看，北极和北半球的趋势几乎没有不同。伊戈尔坚持认为，在分析趋势时，应看最长的记录。当我们这么做时，就没有办法再支持北极放大效应。

相反的观点是，北极放大效应有可能才刚刚开始。因此，将最近一段时期（如 1985—2001 年）的变化趋势与较长期的变化趋势进行对比是完全吻合的。有几个人努力跟随伊戈尔，如挪威南森中心的奥拉·约翰内森（Ola Johannessen）和马丁·迈尔斯（Martin Miles），与在美国国家海洋与大气管理局工作的吉姆·奥弗兰合作，试图提高伊戈尔的温度记录，使用的数据来自欧洲中期天气预报中心的气候模型，获得了北冰洋具有更大空间覆盖度的数据，其在北极反映出的放大信号应更为强劲。[15]他们的分析表明,尽管不同数据源的数据类型和记录长度不同,在计算趋势时仍有偏差,但全球变暖无论在最近几十年,还是在20世纪早期,以及这两个时期之间的变冷时期,都是北半球高纬度地区比北半球整体来得显著。因此,北极放大效应意味着北极在变冷时期和变暖时期一样,都使北极的变化幅度更大。

奥拉·约翰内森的分析(包括北冰洋)证明,最近北极的变暖与20世纪早期的变暖根本不同。早期的变暖事件在高纬度地区最为明显,表明气候存在某种内部自然变率。相比之下,最近的变暖对北极海岸的影响更大,它显然也是全球变暖信号的一部分,可能包含所有纬度。这让我觉得很重要,因为它似乎在说,无论北极涛动和北大西洋涛动的响应如何,它们的作用只是叠加在一个更普遍的最新变暖之上,显示北极的放大与气候模型所预测的结果非常接近。这是一个非常令人兴奋的时刻。

但是这个发现被其他发现调和了。随着北极的放大,大多数气候模型的预测都指向北方高纬度地区的降水增加,水汽通过大气环流从低纬度进入高纬度,这是因为地球表面的大部分蒸发都发生在低纬度的海洋中,当潮湿的空气向北移动时,它就会冷却并凝结,然后会产生降水。模型预测的基础是,在暖期气候中,较温暖的大气可以携带更多的水汽,当湿润的空气在向北输送途中冷却并凝结,就有可能产生更多的降水。一般来说,当高纬度地区的降水量超过了蒸

顿 悟

发量（即"净降水"），这就表明注入北冰洋的大河流的淡水，在维持北冰洋表层淡水层过程中起着主导作用。虽然气候变暖时蒸发也会增加，但这些模型普遍预测降水增加会抵消这一影响，这意味着北冰洋的河流径流量会增加。

2002 年，布鲁斯·彼得森（Bruce Peterson）和伍兹霍尔海洋生物实验室（Woods Hole Marine Biological Laboratory）的同事报告称，1936—1999 年流入北冰洋的六大欧亚河流的年总径流量确实有所增加。[16]现在看来，这个变化并不大，7%的增长相当于每年增加 128 立方千米的径流量，与每年从所有河流向北冰洋注入的 3 200 立方千米相比微不足道，与观测初期相当。由于数据记录较短，布鲁斯没有检查北极的北美一侧发生的情况，但他的发现仍引起了轰动。海洋发生了变化，观测到的气温和大气环流模式也发生了变化。现在看来，水文循环正在进入这个阶段。与此同时，当时在阿拉斯加费尔班克斯大学工作的杨大庆表示，5 月径流量有所增加，6 月径流量有所减少，这与全球变暖趋势相符，这一趋势将导致罕见的融雪期提前。

每年河流流量的上升趋势是什么驱动的呢？乍一看，它似乎与气候模型所预测的一致，即观测到的流量变化格局大体上遵循全球平均气温的格局，但它大体上与北大西洋涛动指数（及北极涛动指数）相伴相随。这就把讨论带回了死循环的难题。虽然模型预测降水与河流流量的净增加是气候变暖导致的，观测到的变化似乎更明显与大气环流的变化相联系，而大气环流可能（或不可能）只是反映了气候系统固有的自然变率。当然,我们也在考虑可能的人为因素对北大西洋涛动和北极涛动行为产生的影响,但是没有确凿的证据。马克斯·霍姆斯(Max Holmes),这项研究的合作者之一,回忆起北极涛动或北大西洋涛动似乎成为科研绕不开的话题时,他感到有些不安。"虽然我们不认为北极涛动或北大西洋涛动是观测到的径流变化的驱动因素,但我们认为,如果不探究这一联系,我们的论文永远不会发表。"[17]

更复杂的是,气象站的记录并没有给出北极降水增加的明确信号。

可能降水监测网络过于稀疏,测量误差过大。在海拔较高的山区也很少有监测点,但那里降水量很大。由于在捕捉风吹雪过程中遇到的困难,测雪筒在北极地区还存在捕获率不足等问题,不同的国家使用不同类型的量表也无法解决这一问题。河流流量的增加也可能与其他因素有关,如融化的多年冻土或森林火灾频率变化,通过减少蒸发改变了水文循环等。所以,就像观测到的许多变化一样,试图找出其原因只会引起更多问题。

不再摇摆

IPCC 第三次评估报告指出,从全球角度来看,人类对气候变化的影响已经显现。但在气候变化应该最为显著的北极,人类的影响

顿 悟

还比较模糊,至少在我看来是这样的。海冰在 9 月融冰期结束时急剧减少(尽管 1996 年的海冰范围达到创纪录的高值),但是根据伊格内修斯·里格尔和迈克·华莱士的研究,很多海冰的减少可能与北极涛动有关。北极涛动和北大西洋涛动也与最近温度变化的模态有很大关系,尽管约翰内森的论文是值得思考的。

当多年冻土层变暖时,人们仍然怀疑这在多大程度上是由于大气变暖而不是积雪深度变化所导致的,而积雪深度变化也可能是由大气环流变化引起的。欧亚河流的年径流量呈上升趋势,这似乎又与北极涛动和北大西洋涛动有关。然后,蒂姆·博伊德领导了一项新的研究,表明寒冷的热盐环流已经部分停滞;迈克·斯蒂尔和蒂姆·博伊德在 1998 年记录的那次迟滞事件,在海洋学领域引起了很多的骚动,这似乎只是暂时性事件。[18]

气候模型实验的结果显示,如果不增加温室气体浓度,就不可能像观测到的那样,使全球平均气温上升。我还对 1999 年发表的一篇论文感到震惊,这篇论文的主要作者是马里兰大学的康斯坦丁·温尼科夫(Konstantin Vinnikov),论文显示,气候模型实验模拟的北极海冰范围变化趋势,比自然气候变化导致的要大得多。[19] 1978—1998 年期间观测到的 9 月海冰范围变化趋势是由自然气候变化引起的,其概率小于 2%。在 1953—1993 年的较长时期内,这一概率降至小于 0.1%。该研究框架中包含了许多假设,毕竟,这只是一项建模研究。不过,他们的研究结果让人大跌眼镜。

直面新北极

SHEBA 的首席科学家唐·佩罗维奇是刚入围的科学家之一,他说:"2000 年,我沉浸在数据中,是最快乐的一段时间。我正忙着分析一组奇妙的观测结果,这是一组在海冰漂流站所做的为期一年的观测。从几米至几十千米分辨率的反照率、积雪属性、融池、海冰生消等,都有一个年周期的观测。通过对 100 个海冰平衡观测点的数据分析,我意识到 1998 年夏天海冰底部有大量融化现象,但我没有意识到这个发现会对我未来几年的研究方向产生多大影响。"[20]

其他人也已下定决心。比如,罗格斯大学的珍·弗朗西斯说:"我的整个职业生涯都集中在北极。20 世纪 90 年代末,似乎海冰覆盖的'房价曲线'出现了下降趋势。到 21 世纪初,毫无疑问,由于温室气体增加而导致的变暖确实是首先在北极出现的,而且是最强烈的,正如人们长久以来所预期的那样。2003 年 8 月,我参加美国国家科学基金会在蒙大拿州(Montana,也称'大天空'之州)举办的进修班期间,胃开始剧烈地翻腾。来自北极系统各个领域的 25 名研究人员一起带来了他们自己令人不安的故事,以及北极海洋、天空、土壤、植物、动物和人类变化的证据。呈现在大家面前的一致信息是:消融、融化、破坏、不稳定、变暖、移动、削弱、未知的轨迹。在科学研究中,我们常常发出惊喜的感叹声,这次却成了'哦,我的天啊',因为我们所有人,即使开始时持怀疑态度,但离开时都确信,我们所知道的北极已经消失了。"[21]

纽约城市大学研究员查利·沃勒什毛尔蒂(Charlie Vörösmarty,

顿 悟

他的姓氏中有元音变音,背离古文构字)是北极水循环问题的长期合作者,也是早期的采用者。[22]他说:"我希望我能说,在某个特定的时间和地点,阳光照在我身上,但我想,我可能更倾向于接受人类的签名,而不是你(指我)当时看上去的样子。我的印象是,一个快速变化的系统的概念在更早的时候就出现了,部分原因是我在 20 世纪 80年代和 90 年代接触了国际地圈—生物圈计划领域的同行。该领域同行收集了大量证据,确信人类活动的影响已使地球进入一个新状态。我的研究生导师贝里恩·穆尔(Berrien Moore)在 20 世纪 70 年代末也做了一些关于这个课题的早期研究,所以我'近水楼台先得月'。虽然气候反应确实存在非线性,但你必须努力研究傅立叶(Fourier)、廷德尔(Tyndall)和阿伦尼乌斯(Arrhenius)写的基础化学,看看二氧化碳是不是一种能改变能量平衡的温室气体。"[23]

这让我很困惑。我有时会产生这样的印象:气候模型的建立者很久以前就已经发出了呼吁,我想知道为什么像我这样的观察者还在观望。但是,自从我研究埃尔斯米尔岛上的小冰帽(无知如我,它们其实已经比我 1982 年和 1983 年在那里时要小得多)以来,我就成了一个非常善于观察的人。我喜欢真实的数据,不管它有多混乱。根据这些原始数据,我记得我对自己说:"如果北大西洋涛动和北极涛动从它们的高正相位降下来,北极继续变暖,我们将继续失去海冰,这样我就会开始相信气候变暖了。"

事情果真是这样的。

直面新北极

这些年,甚至到 21 世纪的头几年,关于北极涛动和北大西洋涛动(通常较小程度上)及其与海洋学方面变化、海冰减少和区域温度变化趋势的关系的研究清楚地表明,北极涛动和北大西洋涛动已经开始从很强的正相位回到更中性的状态。然后,指数值基本上在正负相位之间波动,事实是它们不可能持续上升。根据北极涛动框架的论点,正相位增强意味着大气质量将继续从北极向低纬度地区迁移,那么这一持续增长的趋势将会导致明显荒谬的结论,即北极最终将成为一个高真空区域。

当北极涛动和北大西洋涛动结束负相位开始转正后,海冰数量并没有恢复,而是继续下降。2002 年、2003 年、2004 年和 2005 年的 9 月海冰最小值都极低,且 2002 年和 2005 年创下历史新低。2004 年和 2005 年,华盛顿大学发布了新的研究报告,证实海冰正在变薄。[24]北极植被从苔原变到灌木又增添了更多的证据,北极地区继续变暖。虽然气候记录时间很短,但很明显,北极涛动和北大西洋涛动至少在某种程度上,对气温、大西洋入流水变化、盐跃层迁移都留下了很强的气候印记,北极开始显现背景性变暖。

证据让我不得不信服。如果非要我把它写下来,我的个人顿悟发生在 2003 年的某个时候,然后我变得很努力。事实上,那一年,我在很权威的科普杂志《科学美国人》上有一篇合著论文,题目为"北极的融塌"。[25]

对于其他科学家,如 NOAA 的吉姆·奥弗兰,完全接受这一事实

顿　悟

则花费更长时间。吉姆·奥弗兰回忆说:"首先,在 20 世纪 90 年代中期,当杰米·莫里森和我开发 SEARCH 时,假设它看起来像是潜在的北极变化,关键是我们应该开始观测多变量变化(许多不同变量的变化),以确认这一点。然而,我在 2008 年的一次北约科学会议上得到了充分的确认。我在一本书中发表了一篇论文,关键发现是'在 20 世纪末和 21 世纪初,全球变暖与 20 世纪早期出现的区域温度异常模态是不同的'。"[26]

从某种角度分析,北极涛动趋势已经成为人们关注的焦点,我认为"北极涛动狂热"这个词是有道理的,虽有点转移注意力的意思,但它可能会将科学界从关注更大范围的变化拉回来一点。我认为,更广泛、更正确的观点是,它把许多人的目光集中在北极,使科学界挑战自我,去理解自然变化和人为强迫变化之间的相互作用。北极涛动让我们了解了关于北极是如何运转的情况。

大事件将在接下来的五年左右发生,其中包括政治上的"乌云"。

第六章

如梦初醒

就像任何人类的努力一样,科学研究很容易受到人性弱点的影响。在数据分析和解译的过程中都有可能发生错误。正如我们所看到的那样,科学家有时也会"跟风"。但要记住,科学会通过自我修正来逐渐发展,这一点很重要。当科学与政治发生冲突时,人性中的弱点便会阻碍科学的发展。政治分肥(pork barrel)导致北极研究人员出现不和与嫌隙,使 SEARCH 变得举步维艰。随着公众对气候变化事实的认识度越来越高,通过限制数据和信息的传播,以及对著名科学家进行骚扰和恐吓来掩盖真相的事越来越多。但即使试图诋毁科学的人想尽办法,也无法掩盖北极地区即将揭开的真相。2007 年 9月海冰范围达到历史最低纪录,引起科学界轩然大波,这是史无前例的。与海冰消融相关的北极放大的信号终于出现了。2012 年海冰范围再次打破 2007 年的最低纪录。北极海冰消融的必然性成了讨论的基调。现在的问题不再是北极地区夏季海冰是否会消融,而是

北冰洋变成"无冰洋"的时刻什么时候会到来。

政治

无论美国还是其他国家,学术研究主要都是政府资助的,也就是由你我等纳税人支持的。我在这里讨论的是非营利性研究。例如,制药行业虽然也做很多研究,但都是营利性质的。非医学领域的科学,主要的资助机构有美国国家科学基金会、国家航空航天局及国家海洋与大气管理局。国家科学基金会主要关注基础领域研究。其他国家也有类似的机构,如加拿大自然科学与工程研究理事会(NSERC)等。北欧国家通过北欧应用研究合作组织联合在一起。美国国家航空航天局和国家海洋与大气管理局更像是任务导向型机构,不过也资助基础领域的研究。美国国家海洋与大气管理局的任务之一是负责天气预报工作。你在晚间新闻、网络或收音机中获得的任何天气预报信息,都是美国国家海洋与大气管理局的多个天气预报模式计算的结果。美国国家航空航天局负责地球轨道环境卫星的管理(美国国家海洋与大气管理局也有卫星),对其他行星的探索,以及实施载人航天飞行计划。环境监测已经成为美国国家航空航天局地球观测系统的重点工作,发展新一代环境监测系列卫星,是即将发布的美国国家航空航天局十年探测计划的主要内容。

如梦初醒

与美国其他机构一样,美国国家科学基金会、国家海洋与大气管理局和国家航空航天局每年要向总统提交年度预算报告,作为总统预算草案的一部分,然后提交国会,经由国会审议批准后才能执行。一般来说,预算草案需要经过多次修正才能通过审批。美国参议院拨款委员会在其中起重要作用,宪法规定"依照法律的规定拨款"优先于一切财政部的支出项目。拨款委员会主席拥有相当大的权力,经常用于为其所在的州进行专项拨款,因而被戏称为"政治分肥"(2011 年已被禁止)。

特德·史蒂文斯(Ted Stevens),时任阿拉斯加州联邦参议员兼参议院拨款委员会主席,在他任期内使国家科学基金会成为"政治分肥"的对象。迈克·莱德贝特,时任国家科学基金会 ARCSS 项目主任,是 SEARCH 背后的主要推手,与我交流了他对"政治分肥"的看法。

"首先,你要知道,虽然国家科学基金会的极地项目办公室同时负责开展北极和南极的科研工作,但是他们从未重视过北极地区的研究。在好的年份,极地项目办公室要求北极研究项目能获得与南极研究相同的资金增加比例。但是,南极项目的资金和后勤保障有大幅度增长,与此同时北极项目的资金则相形见绌。直到特德·史蒂文斯介入后,北极地区的预算才有所增加[1],这需要付出相应代价,他要求美国国家科学基金会每年给阿拉斯加大学费尔班克斯分校与日本的合作项目提供 500 万美元的资金支持。"[2]

直面新北极

迈克提及的阿拉斯加大学费尔班克斯分校与日本的合作项目，隶属于阿拉斯加大学国际北极研究中心（IARC）。特德·史蒂文斯从国家科学基金会拨出的款项与日本国立海洋研究开发机构（JAMSTEC）的资金投入力度基本匹配。特德·史蒂文斯给此项目的 500 万美元预算不是一次性的，而是每年一次。因此，虽然有人认为这就是政治，并且应高度赞扬特德·史蒂文斯对北极地区科研工作的贡献。然而，对阿拉斯加大学国际北极研究中心每年 500 万美元的投入，意味着其他更多的研究团体会少获得 500 万美元的资助，这一经费可能正是 SEARCH 及其他项目所急需的。

"当我听说这个故事时，"迈克说道，"史蒂文斯以暂停整个国家科学基金会的预算相威胁，要求在 30 天内将 500 万拨款给阿拉斯加大学费尔班克斯分校。我们甚至没有收到阿拉斯加大学国际北极研究中心对这笔 500 万预算的正式提案，仅仅是开给研究资助部门的一张空头支票而已。尽管大额资金支出需要国家科学基金会科学委员会批准，但他们无视这一规定。科学委员会是在之后的非公开会议中才得知整件事。我甚至怀疑这并没有写入会议纪要中。"

科学家或课题组如果想申请研究经费，首先需要向国家科学基金会（或其他研究机构）提交申请，之后经同行评议审查批准。一份优秀的申请书需要消耗极大精力和时间才能完成。其中必须阐述清楚该研究的本质及价值，并严格遵循国家科学基金会对申请书格式、内容和长度的要求。申请书需要在每年规定的时间期限内提交，除

如梦初醒

非是一些有特殊针对性的研究机会,如北极气候系统研究计划中开展的一些工作。研究机构收到申请书后,会将它们送到其他专家或专家小组中进行同行评议。最后,研究机构根据同行评议的结果来决定是否资助该研究。这是一个周全而审慎的过程,虽然也存在一些不足,如匿名的同行评议可能带来的问题。但这是目前最好的办法,因而延续至今。这个过程非常痛苦,你不得不硬着头皮来面对负面评价,但总体来说同行评议是一个公开且公平的过程。

阿拉斯加大学国际北极研究中心收到的稳定拨款是为绕开现有的资助申请流程而采取的迂回战术。国际合作组织的存在是非常有意义的,我们需要更多这样的组织。对日本国立海洋研究开发机构——阿拉斯加大学国际北极研究中心的国际合作项目来说,虽然资助申请过程存在问题,但也取得了一定的研究成果。然而,问题往往不在于其目的,而在于其过程。并不意外,其他研究团体对此都非常恼火,因为很多关于北极的长期观测计划都面临难以申请到资助的困境,其中的一项是由华盛顿大学杰米·莫里森主导的项目,名为北极点环境观测计划(NPEO),主要任务是对北极局部海域的海洋、大气和海冰状况进行实时观测。

据杰米回忆:"我们对这种暗中破坏规则的事都十分气愤,并给美国国家科学基金会发邮件谴责了整个事件。我是主要负责人,因而这封邮件也被称为'杰米的信'。阿拉斯加大学国际北极研究中心召开了一系列会议,想找人拟定一份科学计划书(用于指导研究资金的使用），但是没有得到热烈的响应。"[3]

阿拉斯加大学国际北极研究中心新雇用了一批科研工作者，其中至少一部分岗位是由那 500 万经费资助的。在外界舆论压力与愧疚的双重重负下，国际北极研究中心有段时间试图成为事实上的二级资助机构，将 500 万经费中的一部分拿出来资助其他研究工作。我对此没有任何兴趣，并希望远离这笔用幕后交易得来的赃款。最终，负面阴影还是慢慢淡去。从 2006 年起，在莱瑞·亨泽曼（Larry Hinzman）的带领下，国际北极研究中心逐渐发展壮大起来，并建立了北极地区长期观测系统。杰米负责的北极点环境观测计划在 2000 年获得第一笔资助经费。

对同行评议过程中纯洁性的述说就到此为止。除了"政治分肥"，当时还发生了很多其他事，阻碍了 SEARCH 的研究进程。

迈克继续说道，"SEARCH 是一个综合性计划，当我们推动它作为 ARCSS 计划的开端时，我们就已经决定将它扩展为多部门间的合作项目，而不是仅仅作为 ARCSS 计划的一部分。在极地研究委员会的帮助下，这一跨部门的计划得以开展。就在我要离开国家科学基金会之前，它已经在国际北极科学委员会（IASC）[4] 的帮助下，发展壮大为类似于 SHEBA，但前景更加广阔的国际计划。无论是研究机构、非政府组织还是国际合作者，只要是知道"北极"两字的人，都想插一脚，试图主导这个项目的开展，因为他们都将其视为一枚由国家科学基金会孵化的能为他们带来巨大利益的"金蛋"。虽然此计划存

如梦初醒

在众多参与方,并逐渐发展壮大,但是其资金支持始终没有着落。我很厌烦 ARCSS 计划、北极环境变化研究计划、极地项目办公室之间无组织无方向的状态,因此也不想关注其后续发展,但我确实能感受到其最初的发展劲头正在削弱。科学家的合作,特别是跨学科的研究项目,需要有力的领导,到底谁该受到指责,我有自己的看法。这个计划在建立并维护科学家的合作关系中消耗了很多精力,虽然已经召开了很多会议试图制定研究方案,但是并没有任何实质性进展。在南极地区开展的类似 ARCSS 项目,可能会占用极地项目办公室预算的一个大头,威胁着北极地区的预算数字。"[5]

很多人反对迈克对这件事的解读,迈克性格强势,在美国国家科学基金会内部也受到一些责难。但是,从这件事来看,似乎刚好印证了一句老话——厨师太多烧坏汤(即人多嘴杂)。迈克在 2002 年底离开了国家科学基金会,开始从事其他感兴趣的工作。在一段时间中,SEARCH 发展势头强劲。在 2001 年科学计划发布后,SEARCH 组织了关于大尺度大气—冰冻圈观测的学术会议,讨论分析指示北极地区环境变化的观测指标。紧接着,在 2002 年,SEARCH 又召开了关于人文因素的会议。美国北极研究委员会是根据 1984 年《北极研究与政策法案》成立的联邦政府机构,它也参与了该计划的讨论。2003 年 10 月 SEARCH 召开了声势浩大的公开会议。当时大家都认为 SEARCH 将会达成国际跨学科的多部门合作,并聚焦于理解北极地区发生的"尤娜谜"快速变化。400 多名科学家参加了西雅图会议,他们来自世界各地,其中包括加拿大、英国、德国、法国、芬兰、挪威、瑞典、俄罗斯、日本、韩国、中国、澳大利亚等。进一步地,在欧洲北极环境变化模式观测研究项目(DAMOCLES,致力于建立北极大气—冰川—海洋观测系统)中,SEARCH 与日本国立海洋研究开发机构项目的科研工作者都参与其中。

但是在之后的几年中,SEARCH 进展十分缓慢,就像很多科学家向我提到的那样,参与者的热忱逐渐转为疲惫。这一计划仍在继续,只是其立足点不同以往,通过科学家跨学科通力合作也得到一些成果,来为决策者(下至船舶公司经理,上至政客)提供一些有价值的东西。我同意迈克的观点,SEARCH 本可以开展多方面的研究,但是并没有发挥最大的价值,这是非常令人失望的。

与此同时,阿拉斯加大学国际北极研究中心爆发了危机。以小布什(George W. Bush)政府为代表,越来越多的声音否认全球变暖的存在,坚定支持全球变暖的科学家甚至受到骚扰与恐吓。将我领入北极研究的导师,马萨诸塞州立大学的雷蒙德·布拉德利教授,在成为气候变化怀疑论者的政治攻击目标后,出版了一本名为《全球变暖与政治恐吓:政客是如何打压气候变化研究者的》的科普读物来解释气候变化的真相。[6]

就像雷蒙德总结的那样:"出于对'人类活动导致全球变暖'这一由 IPCC 第三次评估报告给出的结论的担忧,在 21 世纪初期,人们对全球变化的研究热情空前高涨。当美国副总统阿尔·戈尔(Al

如梦初醒

Gore)宣布将全球变暖作为上任后的主要议题后,公众关注度进一步提高,几年后(也就是 2006 年),阿尔·戈尔在其获奖的纪录片《难以忽视的真相》中,再次呼吁大家认清全球变暖的事实。公众对全球变暖问题的关注给国会极大的压力,促使其关于减少温室气体排放法案的提出。然而,能源行业为了维护其利益,利用他们对某些国会议员的影响力,攻击全球变暖的科学事实。由于无法提出其他对全球变暖的有力解释,他们选择对气候变化研究者的声誉进行攻击。他们的目的是在大众心中种下对气候变化怀疑的种子,在此之前,烟草行业也用类似的策略,与控烟法案的成立进行顽强抵抗。"[7]

一些政府官员为了保住官位,试图限制全球变暖研究者的言论自由。据我所知,一位研究格陵兰冰盖消融的学者,科罗拉多大学的康拉德·斯蒂芬,曾经被卷入其中。在与我的交谈中,康拉德说:"詹姆斯·马奥尼(James R.Mahoney)博士——美国商务部负责海洋和大气的助理部长、国家海洋与大气管理局副局长、气候变化科学项目主任,有一天突然打电话联系我。他说,如果我打算在新闻采访中提供关于格陵兰冰盖消融的信息,我需要预先告知他的办公室,他们会以电话会议的形式参与,或我先将准备提供给媒体的材料交由他们过目。我当时是美国科罗拉多大学环境科学合作研究所(CIRES)主任,这个研究所是在美国国家海洋与大气管理局和科罗拉多大学的支持下成立的。我拒绝了他的要求,虽然我所在的研究所由美国国家海洋与大气管理局支持,但我同时也是科罗拉多大学的一名学者。

马奥尼后来强调,如果我一定要提供资料给媒体,必须讲清楚这与美国国家海洋与大气管理局无关。几周后,我将这段谈话告诉了《华盛顿邮报》的一名记者,当她致电马奥尼咨询他对我们之间谈话的看法时,马奥尼说他对这段谈话已经完全没有印象了。我们尚不清楚马奥尼的行动是由政府推动的还是出于自身的想法。"[8]

雷蒙德·布拉德利与他的两位同事迈克尔·曼(Michael Mann)、马尔科姆·休斯(Malcolm Hughes),一度深陷诽谤泥潭。这一切都始于他们研究工作中制作的一张图表,后来被 IPCC 第三次评估报告引用。这张基于古气候重建的图表,展示了近千年北半球平均温度变化的曲线。这条曲线显示近千年地球气温呈缓慢下降趋势,然后在 20 世纪却迅速上升,就像一根曲棍球杆朝上的击球面,气候学家杰里·马尔曼(Jerry Mahlman)称其为"曲棍球杆"曲线。[9,10]这一结论在其他独立研究中得到了验证。即使没有这张图,IPCC 报告的结论也不会发生改变,但是由于媒体的宣传,人们已经将"曲棍球杆"曲线看作是 IPCC 报告结论的代名词。

雷蒙德回忆道:"最终,我们遭遇了众议院能源委员会主席、得克萨斯州共和党众议员乔·巴顿(Joe Barton)对我们发起的政治攻击。虽然能源委员会没有举行任何听证会,也没有展现任何对全球变暖研究的兴趣,但是巴顿致函命令我们提供所有和研究有关的数据资料、往来邮件及所有科研拨款和资助的协议,这种情况是前所未有的。幸而另一位来自纽约的共和党众议员,众议院科学委员会主席舍伍德·贝勒特(Sherwood Boehlert)认清了巴顿的真实目的:不是为了澄清科学疑问而是为了对我们的公然恐吓,贝勒特毫不客气地致函巴顿要求他收回命令。他们的争论引起媒体的广泛关注,巴顿的要求被迫暂停。但这并不是结束,其影响持续了十几年,一方面右翼团体仍在上诉要求公开我们的邮件资料,另一方面我们也在反诉自身名誉权受到的侵害。"[11]

新举措

科学是有弹性的。成立于 2002 年的国家科学基金会 ARCSS 项目中的淡水资源研究计划(FWI),旨在理解北极地区水循环的变化。科学团体制定了一个关于北冰洋海域的研究计划,目的在于分析河道流量变化的原因,并进一步加深对北冰洋海域入流和出流的理解。陆架—盆地相互作用项目(SBI)的第二阶段正在进行中,主要任务是研究北极大陆架边缘海有机碳的沉积与转化。2004 年开展的阿拉斯加北部海岸系统研究(SNACS)项目,目的在于研究自然生态系统、人类社会和北极海岸带生境的脆弱性,以及当前和未来气候变化可能带来的影响。

上述计划和其他随之成立的计划,在北极系统科学研究委员会的资助下,凝聚了来自不同学科背景和专业的众多有才华的科学家,使这些项目本身有着广阔的研究空间。作为北极系统科学研究委员会以及 SEARCH 指导委员会的一员，我有幸在跟进这些研究的过程中，得以目睹正在发生的一切。

查利·沃勒什毛尔蒂至今还记得他们是如何在北极系统科学研究委员会的协助下，成功发起了淡水资源研究计划："北极系统科学研究委员会的布鲁斯·彼得森（Bruce Peterson，伍兹霍尔海洋生物学实验室研究员），找我和莱瑞·亨泽曼（时任美国阿拉斯加大学费尔班克斯分校副校长）讨论组织一次关于北极水循环综合研究的研讨会。我们获得美国国家科学基金会的经费支持，并在 2000 年 9 月于圣巴巴拉市（Santa Barbara）美国国家生态学分析与综合研究中心（NCEAS）召开了研讨会。会后我们发布了'北极地区社区水文分析与监测计划'（CHAMP）报告。从一开始，我们就是一支跨学科的国际团队，参与人员有多样的学科背景和国籍，囊括野外观测、室内实验、数学建模和遥感等领域的专家，他们从大气、陆面、北极海洋科学和社会科学等领域贡献自己的力量。这一研究占据天时地利，完成度很高。迈克·莱德贝特（当时仍是北极气候系统研究计划的主任）最终资助了淡水资源研究计划。"[12]

宣传推广

2004 年，北极气候影响评估报告（ACIA）[13] 发布了，这是由北极理事会与国际北极科学委员会共同合作完成的一项国际计划，其主

如梦初醒

要任务是对北极地区气候变率和气候变化的现状及其潜在影响进行综合评估。本书第二章中曾经提到,北极理事会是一个政府间论坛,其成员国包括加拿大、丹麦、芬兰、冰岛、挪威、俄罗斯、瑞典和美国。北极气候影响评估报告重点关注北极地区的自然环境,但也包括全面评估环境变化对北极地区经济和人类生产生活的影响。评估报告在 2004 年 11 月正式发布。这份报告引用了世界各地许多科学家的工作成果,并附有大量插图,凝聚了所有人的努力。这是国际合作的一个典型案例。北极气候影响评估报告后被翻译为多国语言文字出版。

该报告指出:"北极地区对当前观测和未来预估的气候变化及其影响十分敏感。与其他地区相比,北极正在经历着地球上最为快速和剧烈的气候变化。预估未来一百年内,气候变化将进一步加速,对自然生态系统和人类社会经济造成严重威胁,气候变化在北极地区产生的影响已经逐步显现。作为地球整体系统的一部分,北极被认为是全球环境变化的放大器和指示器,在气候变暖、海平面上升的背景下,北极地区与全球环境变化密切相关。"报告的主要结论具有较高的可信度。全球变暖已经发生,由此引发的后续问题正在接踵而至。

北极气候影响评估报告受到广泛关注,甚至成为一些科学家学术思想上的转折点。例如,阿尔弗雷德·魏格纳研究所—亥姆霍兹极地与海洋研究中心(德国)的沃尔克·拉赫德(Volker Rachold)博士,其主要研究方向为多年冻土、养分和碳循环、沉积过程和河流地球化学,他说:"20 世纪 90 年代初期我正在攻读博士学位,研究方向为白垩纪(地球历史上一个异常温暖的时期,恐龙仍然存活)黑色页岩与地球轨道周期,我相信温室效应导致的全球变暖会在某一个时期内出现。将白垩纪时期的温度与当前的温度进行类比,我很容易接受全球变暖的科学事实。但那时我没有考虑到北极地区,当时观测数据也不充分。在 21 世纪初,转折点出现了,北极气候影响评估报告中用观测事实证明了全球变暖的存在。"[14]

充分的证据表明人类活动对北极地区气候变化的影响是显而易见的,我认可并相信这一点,但是我仍然觉得北极气候影响评估报告中对这部分内容的表述过于尖锐,如果着重强调气候自然变率的作用可能会更好。然而,我并不是北极气候影响评估报告的主要作者(虽然参与了部分工作),没有充分的证据来证明自己的观点,也没有在与他人讨论北极变化时做到足够理智。

实际上,我是一个矛盾的综合体,我的观点可能会随着讨论对象的不同而发生改变。2004 年,我曾为美国参议院商务、科学和运输委员会(时任主席为参议员约翰·麦凯恩)提供关于北极海冰的证词。约翰·麦凯恩在共和党中以标新立异的作风为人熟知,他表达了对政府在气候变化问题上缺乏行动力的担忧。事实上,他和民主党参议员利伯曼(Lieberman)联合起草了一份《气候管理法》草案,主要目的是在发电等经济领域限制二氧化碳的排放,然而最后被参议

如梦初醒

院否决。因为我想知道政客们是怎样想的(我后来意识到我并不理解),我的证词没有任何偏差。我直率地说,全球变暖是海冰减少的罪魁祸首。我始终相信:"对一个听力有困难的人讲话,需要声音大一点。"

我所忽视的是,气候的自然变率也是非常重要的,在我后来发表的一篇关于海冰消融的论文中,我着重强调了这一点。[15]正如论文中所表述的那样:"2002 年 9 月北极海冰范围达到有卫星观测记录以来的最低值,随后 2003 年和 2004 年连续两年打破纪录,再创历史新低。9 月份的北极海冰范围连续三年出现最低值是史无前例的,这不仅可以归因于温室气体浓度的升高,同时也与风速、温度和洋流的年际变化有关。"

我很荣幸可以为参议员麦凯恩提供关于北极气候变化的证词,即便我觉得收效甚微。随后,麦凯恩改变了自己在气候变化议题上共和党温和派的立场,回归保守派主流。也许我不应该感到诧异,我非常尊敬麦凯恩参议员,但我注意到,对政客而言,无论左派还是右派,选情走向是左右他们政治立场变化的直接因素,他们会欣然地选择忽略事实真相。

通过北极气候影响评估报告以及学术界和媒体的持续宣传,人们开始注意到北极正在发生的一切。随着 2005 年 9 月北极海冰覆盖范围再创新低,公众关注度进一步升温。学术团体也在充分利用飞速发展的互联网的力量。例如,2006 年夏季一个关于北极海冰新闻和数据分析的网站成立了,并且深受欢迎,由美国国家雪冰数据中心(NSIDC)负责管理维护,在本书第二章中曾经提到过,该网站会每天更新北极海冰覆盖范围,并定期回顾当前变化的情况。

冲击波

随着越来越多的证据表明北极海冰范围正在显著缩小,一场认知冲击席卷而来。2005 年 8 月,我参加了在太浩湖(Lake Tahoe)召开的第二次北极气候系统研究发起人研讨会,会议主题紧密围绕 21 世纪北极的发展方向展开。研讨会结束后,我们在乔纳森·奥弗贝克的带领下发表了一篇文章,并得出结论:"正如目前所理解的那样,北极系统内部主要组分的变化过程和相互作用,已经无法逆转所观测到的海冰显著消融消退趋势。"简单来说,人类将面临季节性无冰的北极地区。[16]我们正在努力寻找解决方案。

随着对北极地区海冰消融过程的理解更加深入,人们对北极地区的环境变化也更加担忧。当北大西洋涛动和北极涛动的正相位逐渐减弱时,流向北冰洋的大西洋暖水仍呈增强趋势。然而,大西洋暖水带来的热量是否是造成北极海冰消融的驱动因子仍是一个颇具争议的问题。普遍观点认为,冷盐跃层的存在会阻隔大西洋层热量的向上传递。迈克·斯蒂尔记录了冷盐跃层在 1998 年的消退现象,但似乎冷盐跃层随后会逐渐恢复。然而,阿拉斯加大学费尔班克斯分

如梦初醒

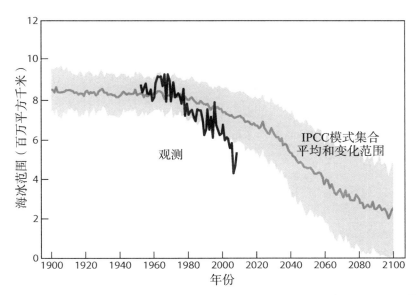

图 23 1953—2008 年 9 月海冰范围的变化。黑线和灰线分别表示观测和施特罗夫（Stroeve）团队评估的所有气候模式集合的结果。灰色阴影表示单个模型模拟的标准差范围。与施特罗夫团队发布的原始数据相比，这张图进行了简化与更新。美国国家雪冰数据中心提供

校的伊戈尔·波利亚科夫（Igor Polyakov）领导的国际团队在 2005 年发现，部分来自大西洋的暖水会以脉冲的形式进入北冰洋，确实会向上传递并与北冰洋的低温表层水混合，导致夏季海冰消融以及冬季海冰结冰量不足。[17]随后，日本国立海洋研究开发机构的岛田克吉（Koji Shimada）研究发现，从阿拉斯加海岸通过白令海峡被分流进入北冰洋的太平洋夏季水，在海冰范围减小的过程中起着重要作用。[18]因此，大气圈变暖的同时，分别来自大西洋和太平洋的暖水，对北极海冰消融来说似乎是一个三重打击。

直面新北极

季节性无冰的北极，未来会如何发生变化呢？它会间歇性地发生变化吗？还是可能会有某种阈值，或者是一个翻转点？比如，一旦跨过翻转点，是否会导致夏季海冰的灾难性的不可逆转的消融？来自美国国家大气研究中心的玛丽卡·霍兰，气候建模领域的著名学者，利用同一个气候模型在不同初始条件下的模拟结果，针对这个问题给出自己的见解。[19]模拟结果显示，随着气候变暖海冰消融，气候自然变率的突然变化足以使海冰反照率反馈过程增强，导致北冰洋海冰加速融化。这样一来，北冰洋变为季节性"无冰洋"的整体进程就会被海冰范围的突然下降而中断，这种情况可能持续十年甚至更长时间。这是一个令人不安的发现。大多数研究表明北极系统正在经历剧烈的变化，玛丽卡·霍兰的结论增强了北极变化的信度，我们"即将走向悬崖"。

2007 年 5 月，美国国家雪冰数据中心的朱利安娜·斯特罗夫（Julienne Stroeve）用观测数据来评估 IPCC 第四次评估报告[20]中使用气候系统模式的模拟结果，并进一步预测北极地区 9 月海冰范围的变化情况。在现实世界中，海冰范围会受气候影响（如温室气体浓度增大，火山喷发使大量气溶胶进入大气层，以及太阳活动的变化等），气候系统模式尽其所能将上述气候因素引入模型中。

后报分析结果显示，大部分模型都模拟到观测时间段内海冰的消融过程（即观测到的海冰消融至少部分是由温室气体浓度升高所导致的），但这取决于时间窗口的选择，几乎所有后报模拟都低估了

如梦初醒

北极海冰的消融速率(图23)。也就是说,模型低估了北极地区实际的变化速率。在现实世界和模型中,都存在气候自然变率的作用,如北极涛动。也许与模型相比,现实世界中气候自然变率对海冰消融的影响更加强烈,这可以解释模型与观测结果的差异,但实际上并非如此。斯特罗夫与同事进一步基于照常排放情景,对21世纪的气候变化进行预估,照常排放情景是IPCC在进行气候变化预测和评估时经常采用的一种可能情景。基于不同气候系统模式的模拟,预估2050—2100年及更长时间,北极9月将出现无冰海洋(通常被定义为海冰范围小于100万平方千米)。如果集合模拟的消融速率较小,就意味着北冰洋无冰的时间将提前。斯特罗夫得出结论:"一般认为温室气体浓度升高对北极地区的影响会较早显现,尤其是在海冰消融的过程中。北极地区对气候变化的敏感性可能比模型模拟结果更高。"[21]

IPCC第四次评估报告决策者摘要中提到:"气候系统的变暖毋庸置疑,目前观测到的全球平均气温和海温的升高、大范围内的积雪和冰川融化,以及全球平均海平面上升的证据等均支持了这一观点。"[22]摘要中接着说:"观测到的20世纪中叶以来大部分全球平均气温的升高,很可能是由人为温室气体浓度增加所导致的。这是一个进步,因为第三次评估报告(TAR)的结论是'最近50年观测到的大部分变暖可能是由温室气体浓度的增加造成的'。目前,可辨别的人类活动影响已扩展到气候系统的其他方面,包括海洋变暖、大陆尺度的平均温度、温度极值及风场。"

总的来说,观测结果表明北极海冰不仅受到气候变暖的影响,同时也受到海洋变暖的影响,包括大西洋和太平洋暖水对北冰洋的加热作用。气候模式模拟结果表明,随着海冰持续变薄,其范围可能大幅减小。与模型模拟结果相比,观测到 9 月海冰消融速率更大。最后,由于地球是一个整体,人类作为长期以来被怀疑是气候变暖的罪魁祸首,已经被公之于众。科学家讨论的氛围开始弥漫着紧迫感。

经过详细计划,第四次国际极地年(IPY)活动于 2007 年 3 月正式启动。[23]国际极地年活动启动时,正逢美国北冰洋观测网(AON)诞生[24],美国北冰洋观测网与 SEARCH 密切相关。[25]美国北冰洋观测网计划资助了一些大型的站点观测项目,用于收集环境观测数据,从而更好地了解并监测北极地区的变化。前文曾提到杰米·莫里森主持的北极点环境观测计划,就是美国北冰洋观测网计划的一部分。尽管上述计划是美国与海外地区合作开展北极研究的关键,但这并不是 2007 年在北极气候研究史上享有超高地位的原因。

这个事件开始于 2007 年 7 月。当月的海冰覆盖范围创下历史新低(低于多年平均值),如今已没有人对此感到诧异。在此之后海冰消融开始加速,每日都在刷新同期历史纪录。这个过程一直持续着,到 8 月份、9 月份时北极地区已经成为全球瞩目的焦点。

每个海冰消融季结束后,北极研究面临不同以往的状况。

如梦初醒

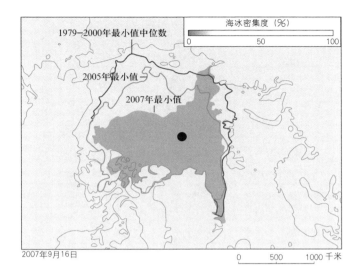

图 24 2007 年 9 月 16 日北极海冰范围,以及 2005 年 9 月的最低值(2005 年最小值线)和 1979—2000 年时间段内最小值的中位数。来源:美国国家航空航天局 http://earthobservatory.nasa.gov/

2007 年北极海冰覆盖范围不仅达到有卫星观测以来的最低值,打破了两年前(2005 年)的纪录,而且极端偏低(图 24),这一结果震惊了科学界。巨大的冰块开始消失。在夏季消融期末,传说中的西北航道终于开通了。实际上,加拿大北极群岛的航道上存在许多通道。值得注意的是,从西面穿过麦克卢尔(M'Clure)海峡的深水航道似乎可以通航,这将成为深吃水船的首选航线。西北航道在有记录以来首次能够全程通航。与此同时,俄罗斯境内北极地区的北海航线却被泰梅尔(Taymyr)半岛北部的海冰堵塞。

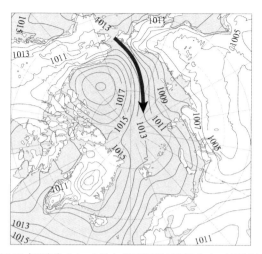

2007年夏季（6—8月）海平面气压场分布（百帕）

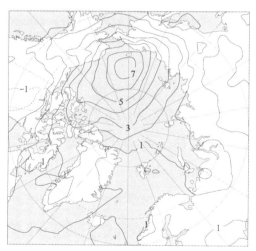

2007年夏季（6—8月）925百帕等位势高度面上气温距平分布（开）

图25　2007年夏季(6—8月)海平面气压场和925百帕等位势高度面上气温距平分布(百帕是压力单位)。箭头表示地表大致风向。美国国家雪冰数据中心的亚历山大·克劳福德制作

如梦初醒

　　大气环流异常是造成此次北极海冰范围大幅减小的关键因素之一。如图 25 所示，一个持续性高压位于阿拉斯加北部的波弗特海；一个持续性低压位于欧亚大陆东北部。对地形图来说，等高线是高程相等的点连成的闭合曲线。海平面气压图的绘制原理和等高线类似，它是压强相等的点连成的闭合曲线。根据之前的讨论，在北半球，高压区（反气旋）的风是沿着等压线顺时针方向移动；相反，低压区（气旋）的风沿着等压线逆时针方向移动。风速的强度与等压线的密集程度成正比，即等压线越密集，风速就越大。北极地区 2007 年夏天的大气环流异常，导致高低压中心之间的压力梯度较大，南风风速较强，而来自南方的暖风加速了北极冰川融化。

　　大气环流异常被认为是导致北极冰川消融的主要原因，在后面的研究中称为"北极偶极子异常"。[26]在北极夏季气温距平图中看到（图 25），偏南气流给北极高低压中心之间的区域带来大量的热量，海冰因此大量融化。较强的偏南暖风行经的区域，与北极海冰边缘线相对 1979—2000 年边界推移的区域（图 24）相重合，它们之间的关系是显而易见的。海冰似乎被偏南风一口"吃掉"了。由于暖风来自南方，因此东西伯利亚和阿拉斯加海岸的海冰向北运移。此外，大西洋一侧的北极海冰在风场和气压场的双重作用下经弗拉姆海峡输出，最终在大西洋消融。

　　从其他方面来看，2007 年也算是极端异常的一年。随着海冰覆盖范围屡创历史新低，2007 年格陵兰冰盖出现剧烈的表面消融事件,比 1998 年的最高消融纪录高出了 60%。[27]受此影响,这一年欧亚大陆北极圈内的 6 条最大河流的总流量达到历史新高,表明冰盖消融导致河川径流增加,证实北极水文循环具有长期增强趋势。[28]

2007 年发生的一切使许多科学家打消了对北极变暖的疑虑,北极地区已经发生显著变化。美国国家雪冰数据中心的朱利安娜·斯特罗夫说道:"在我们 2007 年发表的文章中(基于 1953—2006 年的观测数据),几乎所有气候模型都显示北极海冰正在逐渐消融,但是模型模拟的消融速率小于实际观测值,这意味着当前气候模型的预测结果过于保守。自然变率对北极海冰消融的影响是否更为重要?或许如此,但气候模型中已加入自然变率的影响。2007 年海冰范围大幅降低确实与大气环流异常有关,但是目前的消融情况远超预期。"[29]

德国汉堡的马克斯·普朗克气象研究所的博士后、海冰科学家德克·诺茨(Dirk Notz)对此有自己的见解:"2007 年 7 月,我参与主办了国际极地年项目中一个关于北极海冰的暑期学校,上课地点为挪威斯瓦尔巴大学,位于北纬 78 度。在开课之前,北极海冰范围已创历史新低,探索当下事件的紧迫性对我有很大吸引力。随后我参与一个为期两个月的科学考察团,目的是在北极地区采集正在融化消退的浮冰样本,因此我对海冰消融的认识变得更加清晰。令人震惊的是,一直航行到北纬 82 度我们都没有找到任何浮冰,更令人震惊的是,我们随后得知当年我们是唯——艘在该海域进行作业的科考船。返航后,我不能确定到底哪种感情在我心中占了上风:迫切了

如梦初醒

解当下发生的一切的科学好奇心,或者看到这片风景在我们眼前消失的悲伤。"[30]

就我个人而言,让我印象最深刻的是对北极研究深深的迷恋。我已经在北极海冰变化领域研究多年,也从未见到过当下的景象。德克等人有幸在北极地区实地考察并获得第一手资料,我们也可以坐在办公室里通过从网上下载的被动微波遥感影像进行分析。德国不来梅大学建立了一个很棒的网站,每天发布来自 AMSR-E 传感器的最新假彩色影像数据,对北极海冰消融进行详尽报道。就像一个老球迷习惯于每天早上打开报纸翻到体育版查看职业棒球联赛排名和得分情况一样,我每天的行程中一定包括喝杯咖啡,浏览国家雪冰数据中心网站上发布的关于北极海冰范围的最新影像,随后登录不来梅大学的网站了解具体情况。

虽然大家都清楚天气形势是一个重要影响因素,但是仍对海冰消融的程度之强烈感到震惊。我们很快对此展开研究,发现海冰厚度对海冰消融速率起着重要作用。北极海冰正在变薄,与厚冰层相比,薄冰层吸收较少的热量便可以融化,从而对极端事件的响应更加剧烈。如果将 2007 年的天气放在 30 年前,那时北极冰层很厚,足够承受极端事件的冲击。9 月的海冰范围确实会缩小,但不会达到 2007 年的程度。因此,2007 年的海冰消融向我们证明了自然变率(北极夏季持续的天气形势)和气候变化的影响互相交织——随着气候变暖,海冰对天气形势的敏感性也在增加。在接下来的几年里,华盛顿大学学者丽贝卡·伍德盖特（Rebecca Woodgate）的研究表明,偏南风将温暖的大西洋水通过白令海峡引入北极,并以脉冲的形式传输热量,这也是导致 2007 年北极海冰大量消融的一个重要原因。[31]

北极海冰范围的变化趋势是否会像玛丽卡·霍兰的气候模型预测的那样,从 2007 年开始大幅下降? 我曾在 2007 年公开发表自己的观点,认为有足够的理由可以预估,到 2030 年北极地区可能出现季节性无冰状态。2008 年 9 月的海冰范围有所回升,但仍然是有卫星观测记录以来的第二低值。有新闻发布会曾援引我的观点称,北极海冰正在步入死亡漩涡*,海冰变化确实可能已经达到翻转点。2008 年 6 月,英国《独立报》刊登了一篇文章,标题为"无冰的北极",引用了我的一些论述。考虑到 2007 年 9 月北极无冰区的扩展,未来夏季无海冰的北冰洋是有一定依据的。另外,加拿大科学家戴夫·巴伯（Dave Barber）报告称,2008 年加拿大破冰船阿蒙森号（Amundsen）执行任务期间,发现北冰洋海面漂浮有很多薄冰和蜂窝冰。遗憾的是（也可能是有意地）,有人认为北极点可能无冰意味着整个北极区域完全无冰。我的论述引起了广泛关注（尤其是关于死亡漩涡的观点）,随后收到了很多令人不快的邮件。当然,也有很多科学家支持并认可我的观点。

谈及人类活动引发的气候变暖问题,五年来,我似乎已由一个

＊译者注:美国国家雪冰数据中心主任,本书作者马克·赛瑞兹曾表示:"海冰覆盖范围正在呈螺旋状下滑,一旦越过翻转点便无可挽回。我们很可能在有生之年便会在北极看到一个彻底无冰的夏天。"

"骑墙派"变成了一个"炮筒子",这并非我的本意。在媒体采访的过程中,我懂得了一个道理——发言要谨慎,那些对你来说可能是顺便提及的无关紧要的内容可能会被媒体放大,并用于吸引读者的注意力。媒体之前引述我关于"死亡漩涡"的观点现在看来似乎是恰当的,已经有很多人对此进行了研究。

2009 年海冰范围有所增加,很多人松了口气。但是,随后海冰范围于 2010 年又开始减小,2011 年持续下跌(达到有卫星观测记录以来的历史第二低值)。现在看来 2007 年显然不是海冰融化的翻转点,"死亡漩涡"的说法可能为时尚早,但也很难说北极海冰范围是否正在恢复。事实上,在 2011 年底前的连续五年中,海冰范围 5 次创下历史新低。尤其是 2008 年,北极大气环流受到偶极子异常的影响,这与 2007 年的极端天气超期存在没有任何关联。因此,北极海冰范围是否快速消融仍是一个开放课题。

恒温调节器

本书第二章中曾提到,北极放大效应的驱动机制有很多,其中最重要的是海冰消融。我在此基础上再略作扩充。随着全球变暖,深色低反射率的水体在春夏早期吸收大量太阳辐射,并保持温度几乎不变。秋季日落时,海洋热通量以感热、潜热(以垂直湍流的形式进行能量转移;潜热通量越大,进入大气的水汽越多)和长波辐射的形

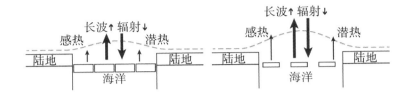

图 26 北冰洋表面能量收支情况。北极太阳高度较低的时期(秋冬季节),未受人类活动干扰的情况(左图)与产生正气候强迫效应并导致海冰范围减小、厚度变薄的情况(右图)。春夏季节上层海洋吸收更多热量,并在秋冬季节释放到大气中;如图中虚线所示的弓形等温线(温度值相同各点的连线),它在开阔水域向上隆起,表明中心气温较高。向上的多余的热量来自长波辐射、感热和潜热。来源:Serreze, M.C., and R.G. Barry(2011)," Processes and Impacts of Arctic Amplification:A Research Synthesis," Global and Planetary Change,77,85－96

式返回大气,使大气增温。由于大气温度高,所含的水汽(一种温室气体)量也高,使返回地表的长波辐射也更多。图 26 显示太阳高度较低的时期(秋冬季节),正气候强迫(变暖)与未受干扰情况的对比。

2006 年,基于观测数据,包括伊戈尔·波利亚科夫、吉姆·奥弗兰和奥拉·约翰内森的早期研究,以及基于气候模型预估的北极未来温度的变化情况(2010—2019 年),珍·弗朗西斯和我得出结论,由于海冰消融引起的北极放大效应即将显现,只要等待更多的海冰消融就可以。[32]

几年后,北极的放大效应确实出现了。我在 2009 年利用两套1979—2007 年的大气再分析资料(包括海冰范围创历史新低的年

如梦初醒

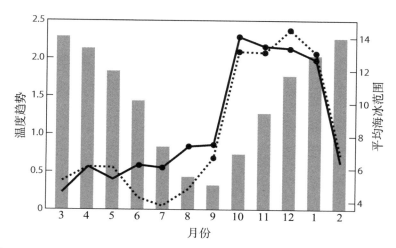

图 27　1989—2009 年北极表面温度变化趋势与多年平均海冰范围年内变化的对比。基于站点观测和再分析数据计算的逐月温度变化趋势的多年平均值（摄氏度/每十年）分别用实线和虚线表示，黑色圆点表示趋势显著。灰色柱形图表示每个月海冰范围的多年平均值（百万平方千米）。来源：Screen, J. A., and I.Simmonds（2010）. "Increasing fall-winter energy loss from the Arctic Ocean and its role in Arctic temperature amplification," Geophysical Research Letters, 37, L16707. Doi：10.1029/2010GL044136

份），分析了北极地区的放大效应。[33] 我们观察到，玛丽卡·霍兰采用美国国家大气研究中心的耦合气候模式（被称为 CSM），预测到北极的放大效应最显著，主要出现在秋季和初冬，而非夏季。再分析资料展示，北冰洋出现暖秋，海面温度升至最高，对应海冰最大面积的减小。这与 CSM 以及其他气候系统模型模拟的结果相符。因此，北极放大效应证据确凿。

后来，一位出色的气候学家，澳大利亚墨尔本大学地球科学学院的詹姆斯·斯克林（James Screen）与伊恩·西蒙兹（Ian Simmonds）合

作,基于 1989—2009 年一个靠近北极(北纬 70 度)的气候站的数据
和一套名为 ERA-Interim 的再分析数据,进行了详细研究。[34] ERA-
Interim 是欧洲中期天气预报中心继 ERA40 之后推出的一套新的再
分析数据,这是一套过渡产品,因而命名为"interim",之后还会更新
换代。他们的研究显示,1989—2009 年的温度变化趋势存在显著的
季节性(图 27)。正如预期的那样,夏季温度变化趋势最小,秋季和
初冬温度变化趋势最大,更重要的是,在海冰范围最低的时间点(9
月)和温度变化趋势最大的时间点(10 月至次年 1 月)之间,有一个
典型的时间间隔,反映了巨大的海洋热通量在秋冬季节的释放。虽
然北极放大效应不仅与海冰消减有关,这些结果仍然令人兴奋,因为
它们证明气候系统模式模拟结果的可靠性。模型模拟的海冰消融速
率较小并未影响到当前的结论。

古气候学家一直在努力尝试从过去温度变化的角度考虑北极变
暖问题,成果丰硕。此外,北亚利桑那大学的达雷尔·考夫曼
(Darrell Kaufman)与一个国际组织(雷蒙德·布拉德利任职的机
构)合作,重建了过去 2 000 年北极夏季温度的变化曲线。[35] 他们还
使用了来自北极湖泊中的古气候资料,如迈克·雷特尔和雷蒙德·
布拉德利于 1982 年、1983 年在埃尔斯米尔岛的湖泊中打钻取芯的数
据。随着著名的"曲棍球杆曲线"受到广泛关注,他们的分析指出,虽
然过去北极夏季温度是波动变化的,但在长达 1 900 年的时间中存在
整体变冷趋势,支持了第一章中提到的米兰科维奇假说。这一变冷趋势

如梦初醒

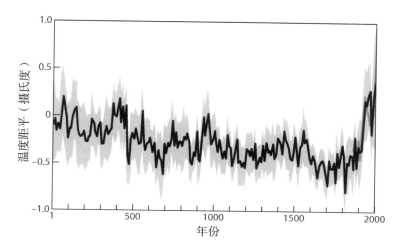

图 28　基于湖泊沉积物、冰芯、树轮代用资料重建过去 2 000 年北极夏季地表温度序列（黑实线），以 1961—1990 年为基准期。灰色阴影表示北极不同站点之间的差异。改编自 Kaufman，D. S.，D. P. Schneider，N. P. McKay，et al.（2009），"Recent warming reverses long-term Arctic cooling." Science，325，1236 - 1239

在 20 世纪发生了逆转，北极突然出现较大的变暖趋势，过去 2 000 年中，最暖的五个十年有四个发生在 1950—2000 年（图 28）。

　　如前所述，在 2007 年夏天，随着北极海冰范围创历史新低，格陵兰冰盖也突然发生大面积融化。2009 年，荷兰乌得勒支大学极地气象学教授米切尔·范登布罗克（Michiel van den Broeke）领导的团队指出，溢出冰川末端崩解和冰盖表面径流分别对格陵兰冰盖物质损失贡献各占一半左右。[36] 包括雅各布港冰川、康格尔隆萨克（Kangerdlugssuaq）冰川和彼得曼（Petermann）冰川在内的一些大冰川的退缩消融使冰盖加速退缩，这一现象引发关注。2012 年，英国

直面新北极

伦敦大学学院安德鲁·谢泼德教授在全球协调建立了一个庞大的科学团队,收集迄今为止所能获得的所有资料,用以记录 1992—2011 年间格陵兰冰盖和南极冰盖的物质平衡资料。[37] 当时,他们发现两大冰盖都经历物质损失,导致海平面升高,其中格陵兰冰盖的贡献最大。值得注意的是,格陵兰冰盖目前处于物质损失加速的状态(图 13)。

谢泼德教授的重要研究成果于 2012 年 11 月正式发表,对北极海冰变化来说,那也是不寻常的一年。

2012 年夏天,格陵兰冰盖表面融化非常明显。与气候变暖趋势一致,冰盖融化范围在过去几年里也呈上升趋势,已经突破图表所能绘制的上限。随着夏季渐去,很显然海冰消融的最新纪录即将出现,随着 9 月份创纪录低值的出现,2007 年震惊全球的纪录被打破(图 6)。2012 年夏季大气环流模式不像 2007 年那样有利,但也绝不是不利。2012 年夏季十分温暖,存在北极偶极子异常的现象。显然,到 2012 年时海冰在大气和海洋双重加温下厚度越来越薄,因而不需要一场"完美的风暴"便再次创下最低纪录。

新纪元

2012 年底,关于北极变化的大部分未解之谜几乎尘埃落定。我们花了二十多年的时间,才充分认识到北极地区大气、陆地和海洋受

如梦初醒

到了气候自然变率的影响(并将持续被影响)。由于北极涛动和北大西洋涛动在自然变率中扮演重要角色,我们一直试图寻找的人类影响的痕迹在很大程度上被掩盖了。事实上,现在非常清楚的是,在20世纪90年代早期引发全球关注的北大西洋暖水对北极的增温效应,有着较为显著的十年周期。至少在某种程度上,这与北极涛动和北大西洋涛动的周期有关,还有更多问题等待我们去解决。随着时间的推移,人类活动的影响也将从背景值中显现出来,如所提到的海冰覆盖范围、温度、多年冻土融化等其他变量一样,终于从尘嚣中显露出来,一旦露头,便气势汹汹,无可抵挡。

我们也知道,气候自然变率和温室效应本身也会相互影响。例如,由于北极海冰的逐渐变薄,它对大气和海洋自然变率的响应会发生变化。我们已经了解到,随着格陵兰冰盖的升温和表面融化,冰川流速增加导致冰盖进一步融化。期待已久的北极放大效应正大规模显现,但似乎比我们想象中的要复杂得多。

第七章

展望

　　未来格陵兰冰盖和北冰洋海冰的冰量还会继续减少，这是无法避免的。被黑暗笼罩的冬季伴随着冰雪给北极带来低温，但将来不会再有这样的寒冬了。也许除了格陵兰冰盖内陆的高海拔地区，冰盖的其余区域都将随着温暖夏季的到来而消失。北冰洋海冰将在夏末秋初时完全融化，这是必然的结果。唯一的问题是，它以多快的速度发生？这取决于气温与海温的变化程度、气候自然变率的异常，以及温室气体浓度上升的速度。在本书付印之际，尚未解决的问题都是围绕着北极变化所产生的影响而展开的。多年冻土的碳反馈何时开始生效，它是否足以使全球气温进一步升高？一个更加温暖的北极是否会对低纬地区的天气形势产生重大影响？这是否会影响当地的农业模式？随着格陵兰冰盖、北极冰帽和冰川的融化，海平面上升速度会怎样变化？考虑到航道增加和资源开采的前景，北极地区会变得更加炙手可热，这是否会导致冲突的发生？这些都是我们需要关注的问题。

稳赢的预估

2013 年发布的 IPCC 第五次评估报告,明确了人类活动对气候系统的影响。第一工作组的决策者摘要中提到:"人类对气候系统的影响是明确的。从大气温室气体浓度增加、正辐射强迫、观测到的变暖,以及对当前气候系统的科学认识,均清楚地表明这一点。"还提到:"已经在大气和海洋的变暖、全球水循环的变化、积雪和冰的减少、全球平均海平面的上升,以及一些极端气候事件的变化中检测到人为影响。自第四次评估报告发布以来,有关人为影响的证据有所增加。极有可能的是,人为影响是造成所观测到的 20 世纪中叶以来变暖的主要原因。"具体来说,对于冰冻圈,"21 世纪,随着全球平均表面温度上升,北极海冰覆盖很可能继续缩小、变薄,北半球春季积雪很可能减少。全球冰川体积将进一步减小。"

约吉·贝拉(Yogi Berra)曾戏说:"做预测很难,尤其是对未来。"[1]说得很对,但就气候预测而言,我们可以保持日渐增强的信心。基于过去 30 年所了解到的一切,关于未来的北极,很多事情都会有相当大的把握发生。

2050 年,我们可以稳妥地估计温室气体浓度不会有大幅下降,在不久的将来,北冰洋很可能在夏末之际变为"无冰洋"。考虑到北极地区自然变率有很大变异性,伴随着北大西洋涛动、北极涛动和北

展　望

极偶极子异常现象的发生,第一个无冰(海冰少于 100 万平方千米)的夏季大约会出现在 21 世纪 30 年代早期或 21 世纪 40 年代。无论夏季海冰消融多少,剩余部分大多会分布在加拿大北极群岛的北部。波弗特环流(图 14)会将海冰推向海岸,那里浮冰相互碰撞、堆积叠加,使海冰变厚。北冰洋仍然会在冬季结冰,但会变薄。北极将变得更加温暖,不仅是温室气体浓度增加的原因,与北极放大效应也有关系。随着更多的水汽进入大气,降水量也会增加,正如在世界其他地方观测到的那样,极端降水事件会更加频发,至少在局部地区是这样的,洪水和土壤侵蚀等自然灾害也随之发生。初雪日延迟和融雪日提前,冬天变得更短,植被格局也将发生改变,林地大面积荒芜,强风的苔原演变为灌木丛,很多地区多年冻土的最上层融化,岛状多年冻土(如仅出现在北坡的冻土)大量消失。

尽管如此,北极地区仍然存在很多未解之谜,随着进一步探究,可能会有更大的发现。借用唐纳德·拉姆斯菲尔德(Donald Rumsfeld)的话是"已知的未知",即我们知道我们并未完全理解的事情。[2]

已知中的未知数

21 世纪 50 年代的北极是什么样呢? 在很长一个阶段,北冰洋冬季仍会结冰,北冰洋航线只能季节性通航。显然,海冰融化使进入该海区成为可能。从这一点上来说,北极地区是否能全年通航,涉及经济核算等问题,如石油和天然气价格,以及经苏伊士运河或巴拿马运河航运的相对成本等。

荷兰皇家壳牌公司曾在北极的楚科奇海区勘探油气,后发现该区域未来收益前景不明朗,因此放弃了他们的开采权。如果石油价格突然上涨,他们可能会重新考虑在该区域继续开采。未来也许会有很多游客愿意花钱乘坐游轮通过西北航道和北方航道到北极一游。的确,这已经成为现实;2016 年和 2017 年夏季,水晶宁静号(Crystal Serenity)首次通过西北航道,开辟了北极探险之旅。这艘巨型邮轮有 8 个高级餐厅、13 层甲板,还有 1 个按摩洗浴中心。随着北极地区变得更加繁忙,我们需要保证港口设施全年高效有序运行,并提高对突发性自然灾害的应急能力。如何应对北极地区的大规模石油泄漏,或者如何在西北航道偏远水域疏散 1 000 名可能被困在受损游轮上的游客,都是当下需要解决的问题。北极这条航运路线能否变得更加繁华,取决于地缘政治格局。也许恐怖分子会破坏苏伊士运河或巴拿马运河的通航能力。也许俄罗斯的领导人会把北冰洋作为其领土的一部分,并在摩尔曼斯克设立一个收费站。

今后很长一个时期,冬季北冰洋大部分海域仍然会被海冰覆盖,夏季海冰情况也会存在很大变数。因此,未来破冰船的需求量将会增加而非减少。俄罗斯对北极地区投入大量资金和精力,2016 年名为北极号(Arktika)的核动力破冰船下水。美国也意识到需要为其海

展　望

岸警卫队配备新的破冰船舰队，目前正在讨论相关计划的开展。美国目前拥有两艘破冰船，分别为 2000 年投入使用的希利号（Healy）和 1967 年投入使用的北极星号。目前北冰洋仅绘制有 10% 的高精度海底地形图，看来未来北冰洋大洋作业还有新的挑战。

北极地区的渔业格局也会发生改变。2016 年，9 个国家和欧盟在华盛顿特区会面，讨论一项来自美国的提议并达成最终协议，决定在北极中部海域禁止商业捕捞，直到有足够的研究为合理监管提供科学依据时为止。[3] 正如本书第二章所说的那样，随着冰面逐渐融化，像鳕鱼和黑线鳕鱼这样具有重要商业价值的物种将会向北迁移，在某种程度上，北冰洋可能不再是隔离大西洋和太平洋物种的天然屏障。这项禁令具有罕见的前瞻性，一般来说，只有在股市下跌或崩溃后，监管才会到位。

一些"已知中的未知数"比其他"未知数"显得更加神秘。北极变暖对一些动物来说并非好事，如北极熊和海象，而其他物种可能因此而获益。随着变暖，灌木丛等植被正在不断向北推进，原本不属于北极的驼鹿也开始出现在北极圈边缘，而驯鹿的生存环境却面临威胁。已有研究表明，随着北极冬季雨夹雪天气增多，苔原冰封面积增大，导致驯鹿难以觅食，威胁其生存。但由于浮游动物的繁殖数量增加，以浮游动物为食的露脊鲸却得以繁衍生息。实际上，我们确实已经看到了一些变化，但是确定生态变迁还是比较困难的工作。生态系统非常脆弱，细微的变化即有可能产生巨大的影响。

直面新北极

夏季北极海冰的消融趋势已不可逆转,令我们好奇的是,翻转点什么时候会到来,那时的北极将会是什么样的景象? 研究表明,观测到的海冰消融速率与 IPCC 第四次评估报告中使用气候系统模式的后报结果相比更快一些。最近,美国国家雪冰数据中心的朱利安娜·斯特罗夫与同事基于 IPCC 第五次评估报告中使用的新一代全球气候模式的模拟结果,与观测资料对比分析,评估了模式对北极海冰 9 月份变化趋势的集合模拟效果。虽然仍有一些模型低估了海冰融化趋势,但多模型集合平均值与观测值比较相近。与上一代全球气候模式相比,北极海冰融化趋势和季节性无冰夏季的出现时间,不同模型的模拟结果都存在较大的差异。[4]

当北极海冰变得越来越薄并到达某个翻转点后,是否会像玛丽卡·霍兰研究中提到的那样,其覆盖范围突然下降呢? 虽然北极海冰范围在 2007 年后有所回升,但 2012 年 9 月的最新历史纪录让一些人开始相信,夏季无冰的北极将在几年内出现。

事实证明,从 2006 年玛丽卡论文发表到 2012 年海冰范围创历史新低这两个时间点之间,"翻转点"假说受到了严重冲击。有观点认为,在夏季海冰受到扰动剧烈消融时,储存在上层海水中的热量会在秋冬季节释放到大气和宇宙空间中,并在接下来一年中逐渐恢复到未受扰动时的融冰速率。如前所述,海冰—大气正反馈过程是北极放大效应的关键(图 26)。在海洋热量释放的过程中,大气温度也随之升高。这可能与我们的想象有点不同:从表面来看,与海冰消融

展 望

有关的北极放大效应将导致更多海冰损失,但这实际上也导致了大洋冷却的过程(重新结冰)。这一理论有助于解释北冰洋 9 月份海冰范围负距平达到最大后(如 2007 年和 2012 年),第二年的海冰覆盖会有所回升(如 2008 年和 2013 年)的现象,这其实是系统中本来就存在的负反馈,或称为稳定化。在 2011 年初,任职于德国汉堡市马克斯·普朗克气象研究所的斯蒂芬·蒂策(Steffen Tietsche),基于模型模拟研究提供了强有力的证据证明了上述观点。[5] 然而,目前的证据仍然不足以完全否定"翻转点"假说;如果夏末上层海水中储存有足够的热量,这些热量仍然可以在结冰之前完全释放出去。当然,负反馈的观点并不意味着 9 月北极海冰不会随着变薄和变暖而加速消融。观测表明,海冰也许已经在加速消融。因此,尽管"死亡漩涡"理论很可能站得住脚,但可能并非无法挽回。

马克斯·普朗克研究所的气象学家德克·诺茨(Dick Notz)是斯蒂芬·蒂策开展研究的合作者,也是众多关注海冰达到翻转点这一广为流传的极端观点的一员。"2007 年,我们开始讨论为什么北极海冰在夏季消融如此剧烈,但到 2012 年时情况大不相同。有些观点认为剩余的海冰会很快消融殆尽。因此,在 2012 年我认为应该研究为什么海冰损失很可能比最极端的预测更慢,或者研究在 2012 年出现最低值后为何海冰范围会在后面几年有所回升(通过秋冬季节的海洋热损失机制),而不是研究海冰的损失。现在必须捍卫我们作为气候学家的信誉,而不是仅仅关注海冰消失的惊人速度。我们必须指出,海冰融化速度可能比最极端的预测要小。在这方面，我觉得我们的交流失败了。我很难过地发现，目前的焦点已经转移到最极端的、可信度低的模型预测上，而不是当下海冰融化的事实上。而且这是很极端的，无须任何夸张。"[6]

目前仍有很多问题尚未解决，如海冰消融的变化趋势，自上而下的强迫（即大气强迫）和自下而上的强迫（即海洋强迫）的相对大小等。关于自上而下的强迫，最近的研究表明，在 9 月份冰量较低的年份，春天从低纬度地区吹向北极的暖湿气流会被加强。这是因为该气流中水汽含量较高，伴随着较多的云量，使北极地区温室效应增强，海冰开始提早融化。[7]随着气候变暖，大气中水汽含量增多，从而有利于更多的水分向中高纬地区输送。夏季的海冰冰面融池也很关键。海冰融池颜色较深，反照率较低，对太阳辐射的吸收作用显著，导致更多海冰融化。在多年冰上形成的融池往往是小而深的，而那些在平坦的一年冰冰面上形成的融池则大而浅。随着春季来临，更多海冰由多年冰变为一年冰，夏季融池的面积变得更广大，有效增强了行星反照率反馈机制。然而，其他研究表明，夏季天气形势的变化对观测到的海冰融化趋势的影响可能比我们想象的要大，这是一个复杂的过程，因为随着冰层变薄，海冰消融对天气形势的响应也会发生变化。[8]关于自下而上的强迫，我们之前提到过来自大西洋的暖水脉冲已经在北冰洋被监测到。伊戈尔·波利亚科夫与合作者的最新研究结果显示，尽管大西洋暖水流速自 2008 年达到峰值后已经逐渐变缓，但它对海冰范围的影响变得更加显著，极大地限制了北冰洋欧

展　望

亚海盆的冬季海冰的增长。[9]伊戈尔将其与冷盐跃层的衰减联系起来，使海水垂直混合更加充分。因此，我要再次提到我们的"老朋友"——自然变率；大西洋暖水以脉冲的形式注入北冰洋，随着水体不断地流入流出，冷盐跃层也经历着衰减与恢复的过程。这一逐渐"大西洋化"的北极，很可能是暂时存在的，但这一现象解释了为什么巴伦支海地区近年来冬季海冰覆盖范围减小，以及为什么该区域冬季温度有升高趋势（图10）。

转向北冰洋的太平洋一侧，有一股相当温暖的低盐度海水通过白令海峡进入北冰洋（图14）。由于北太平洋的海水比大西洋海水密度更低一些，因此更淡（在给定质量的情况下，密度越低，体积越大），海平面也会略高，从而导致北太平洋海水向北冰洋流动。白令海峡浅水区的锚系浮标有自白令海峡入流的记录。近期研究显示，温暖入流海水的变化对楚科奇海的海冰，甚至是更大区域内的海冰，都有很大的影响。[10]同时，每年流入的暖海水呈逐渐增加趋势。[11]正如北冰洋的"大西洋化"现象一样，这一暖流变化的趋势会持续还是停止，甚至是翻转，仍然是未知数。

格陵兰冰盖、北极地区的冰帽和冰川对未来海平面升高的贡献仍然是一个未解的问题。正如第五章中讲的那样，冰川学家仍在试图确定导致观测到的格陵兰冰盖边缘崩解加速的不同过程，如裂开并变薄的冰舌使反向压力减小以及在兹瓦利效应下冰川底部的润滑作用，冰川动力学和表面物质平衡（冬天积累与夏季融化）的相对大小等。

当玛丽卡·霍兰被问到科学研究的紧迫性时,她回答:"我认为与社会关系最密切的一个问题是格陵兰冰盖将如何变化。大多数全球气候模型甚至没有耦合冰盖的变化。即使是耦合冰盖变化的模型中,其过程和参数也极为简单。目前格陵兰冰盖的消融速度仍然是一个巨大的未知数。"[12] 尽管我们利用气候模型进行研究并取得了许多进展,但它们仍然是真实世界的不完整表述。模型是气候研究的关键工具,我们从中学习到了很多东西,但它们仍然远没有我们想要的那么完善。

格陵兰冰盖本身会受海冰消融的影响:这加剧了这一问题的复杂性。与北极海冰减少有关的北极放大效应会影响冰盖上的大气温度,秋冬季节开放水域的增多可能最终改变冰盖上的降水形式。大量的海冰与从冰川末端崩解下来的冰川冰(称为混合物)结合在一起,对冰盖的流动产生了阻力,移除这一混合物,冰盖会流动得更快。

目前有两个与环境有关的"已知中的未知数",分别为多年冻土释放的碳对气候变暖的反馈,以及北极放大效应对中纬度天气形势的影响,我们有必要对此进行深入研究。另外,北极系统中还存在一些"未知中的未知数"。也就是说,我们完全不知道将会发生什么。

多年冻土碳—大气反馈机制

单位时间单位面积上绿色植物通过光合作用所固定的有机碳总

展 望

量,称为总初级生产力(GPP)。当植被将光合产物输送到根、茎、叶等器官时,一部分光合作用的产物在自养呼吸过程中被消耗。植被可以通过光合作用合成有机物满足自身生长发育的需要,因此被称为自养生物。总初级生产力与自养呼吸的差值,即为净初级生产力(NPP)。此外,动物、微生物和消耗有机物的有机体的呼吸,统称为异养呼吸(HR)。本书的读者属于异养生物;我们以自养生物为食(蔬菜对我们有益),同时我们很多人也吃异养生物(动物肉质鲜美,而且富含蛋白质和脂肪)。异养呼吸释放二氧化碳还是甲烷,取决于其呼吸过程是在有氧条件还是无氧条件下进行的。

每个甲烷分子由一个碳原子和四个氢原子构成,是最简单的碳氢化合物。类似于二氧化碳,甲烷也是一种温室气体。以单位分子数而言,甲烷的温室效应要比二氧化碳大很多倍,但在大气中含量较少且存在的平均寿命较短。阿拉斯加大学的水域生态学家、生物化学家凯蒂·沃尔特(Katey Walter),在 YouTube* 上传了一系列令人印象深刻的视频,展示了北极湖泊的甲烷释放过程。甲烷是厌氧呼吸的产物,以气泡的形式从湖底释放出来,在冬季则储存在冰层之下。凯蒂·沃尔特一般会在冰面凿一个洞口,在保证安全的前提下,点燃冰湖下逸出的甲烷气泡,冰面上立即出现一个火球,场面非常震撼。

在生态系统碳平衡方面,净生态系统生产力(NEP)是一个重要

---

* 译者注:一个视频分享网站,也是视频搜索和分享平台。

指标,反映了陆地生态系统的净碳交换量。简单地说,NEP = NPP −
HR。若 NPP 大于 HR,则表示该生态系统为碳汇,NEP 为正值。若
NPP 小于 HR,则表示该生态系统为碳源,NEP 为负值。

北极和亚北极地区的多年冻土中,储存有大量以有机物形式存
在的碳。据估计,多年冻土层中的碳储量约为 8 000 亿吨,大约是目
前大气中碳储量的两倍。只要这部分碳被固定在多年冻土中,就不
会对全球气候产生影响。然而,随着气候变暖,越来越多的北极多年
冻土将会融化,冻结的有机质也会随之融化。当它解冻时,土壤中的
微生物(异养生物)开始食用有机质,然后将这些储存的碳释放返回
大气中,使大气温室气体浓度增加。如果碳从土壤中释放到大气的
过程是显著的,那么由高温室气体浓度而引发的增暖将会在化石燃
料燃烧释放的基础上,进一步加剧大气碳储量,从而使更多冻土解
冻,导致释放更多的碳,进一步加剧变暖趋势并循环下去。这就是多
年冻土碳反馈(PCF),如图 29 所示。

在十多年前,是无法从雷达屏幕上观测到多年冻土碳释放与气
候变暖的反馈的,但从那时起,这个问题就引起了很大的关注,主要
是通过建模研究。一项由美国国家雪冰数据中心冻土学家凯文·谢
弗(Kevin Schaefer)领导的研究显示,多年冻土区在 2030 年前后将会
变为碳源,到 2200 年,这可能会导致大气中二氧化碳浓度增加大约
90 ppm。[13] 作为对比,2017 年大气中二氧化碳浓度为 405 ppm。

另一个令人担忧的现象是,北冰洋浅海大陆架的海底沉积物中

展 望

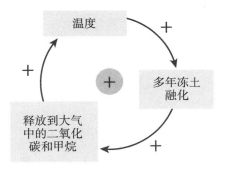

图 29 多年冻土碳反馈。来源：http://cars-kill.weably.com/carben-dioxido.html

可能会释放大量的甲烷。在一定温度和压强条件下，甲烷和水可以形成类冰状的结晶物质，又称为"可燃冰"。随着海洋升温，天然气水合物开始融化，大量甲烷（天然气）随之释放。这绝对是一个灾难。

西斯匹次卑尔根大陆边缘和东西伯利亚海的海底，有大量的甲烷气泡从海底冒出。

这被认为是对海洋变暖的一种回应，天然气水合物（"可燃冰"）变得越来越少，但也可能是从天然气储藏丰富的地区中渗漏出来的。对此仍存在很多争论。例如，对于从海底释放的甲烷，没有长期、系统的观测，很难说最近的观测数据是有实际意义的。也有观点认为，甲烷释放是相当缓慢的，不会像炸弹爆炸一样急剧释放。然而，一些模型研究结果支持了甲烷大量释放的观点，并且认为即使是小区域（俄罗斯北部的拉普捷夫海和东西伯利亚海以及楚科奇海）释放,也可能引发突然的气候变暖。[14]海冰消减被认为在这一过程中扮演重要角色。举例来说,海冰是阻止甲烷排放到大气中的天然屏障;失去了海冰,在波浪作用下,海水充分混合,有利于溶解在水中的甲烷和甲烷气泡加速释放到大气中。

美国阿拉斯加大学国际北极研究中心的纳塔利娅·夏克霍娃（Natalia Shakhova）在这个领域中有很高的话语权,在承认目前仍有许多不确定性的前提下,她呼吁大家继续深入研究,并说:"在气候变化的可能影响方面,北极地区海底多年冻土可能是最棘手的部分。海底多年冻土的完整性已经开始丧失,而在其内部和底下储存的天然气的排放路径已然出现。东西伯利亚北极大陆架富含甲烷,其含量超过了世界上80%的海底多年冻土和北极大陆架水体,因此东西伯利亚北极大陆架释放大量甲烷,是导致全球急剧变暖最有可能的原因。"[15]

北极放大效应与天气形势

北极放大效应,通过影响北极与低纬度地区的温度梯度,导致急流强度发生变化,反过来,在中纬度地区将表现为天气形势的变化。这一现象不仅引起科学界的讨论,也引起媒体的广泛关注。媒体关注的原因很简单,天气状况与我们息息相关,把你可能正在经历的暴风雪归咎于北极变暖,会是一个非常吸引眼球的新闻。然而,这也是

展 望

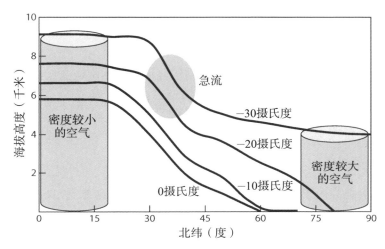

图 30　横轴为纬度,纵轴为海拔。在近似地转平衡条件下,急流风向为垂直于纸面向外。根据大气再分析数据制作。示意图中,将极锋急流与其南侧的副热带急流合并在一起进行表示,重点在于分析急流与温度梯度的关系。美国国家雪冰数据中心的亚历山大·克劳福德制作

气候变化怀疑论者和危言耸听者经常用到的素材。

　　为了充分理解北极变暖与中纬度天气之间的关系,我们需要了解更多大气动力学知识。低纬度地区接收到的太阳辐射多于高纬度地区接收到的太阳辐射。这也是为何夏威夷比阿拉斯加的巴罗更温暖的原因。赤道到极地(纬向)的温度梯度不仅存在于地表,也体现在大气中。由于大气中存在温度梯度,因而也存在压力梯度。暖空气与冷空气相比,密度更低,在距离海平面一定高度的情况下(如6千米)测量气压,低纬度地区暖空气的气压会更高,高纬度地区冷空气的气压会更低。因此,在给定质量的情况下,空气柱(由一定数量的气体分子组成)在低纬度更高(单位为英尺或米)。也就是说,在

给定高度以上，低纬度地区的大气质量更大，因此气压更高（单位面积上给定区域的气压，可以简单看作空气柱的质量）。

气压梯度的存在，导致空气从高压区域向低压区域流动（在北半球自南向北，在图 30 中，自左向右），从而形成了风。由于地球自转，产生了科氏力，它使风在北半球转向右侧。[16] 因此，空气的水平运动，也就是风，不会沿着气压梯度从高压吹向低压（在北半球自南向北），而会倾向于与气压梯度平行（在北半球自西向东，在图 30 中垂直于纸面向外）。这种情况被称为地转平衡，是气压梯度（自南向北，人背风而立，气压梯度方向朝左）和科氏力（自北向南，人背风而立，科氏力方向朝右）之间的巧妙平衡。地转风速度大小与水平气压梯度成正比。自南向北的气压梯度越大，风速越强，相应的科氏力也越大，使风向向右偏离程度逐渐增加，最终达到地转平衡状态。在后面我们会学习到，自南向北的温度梯度（或者压力梯度）不是均匀分布的，在一定纬度带上等压线会更密集。因此，在北极高空，存在着一个高风速的狭窄强风带，将极地的冷空气与极地以南的暖空气分离开来。近似地转平衡是导致高压周围风场顺时针旋转（反气旋），低压周围风场逆时针旋转（气旋）的原因（图 25）。

最后一点很重要，极地急流并不是在高空中自西向东的直线形强风，而是南北摆动、弯曲延伸的。在一些区域急流向北扩张，在另一些区域，急流向南扩张，从而形成槽或脊。急流中弯曲的地方称为罗斯贝波，这是以首次描述其空间形态的人——卡尔·古斯塔维·

罗斯贝（Carl Gustav Rossby）命名的。长波可以横跨大洲，而短波则嵌入其中。罗斯贝波的形态总是在变化，伴随着低压区域（气旋）和高压区域（反气旋）的出现。极地急流以北的冷空气形成了极地涡旋，像芝加哥这样的地方每年冬天都会出现寒潮，当急流向南扩张时，北边极涡的冷空气随之大肆侵入。然而，媒体在某种程度上总是将极地涡旋看作洪水猛兽。因此，新闻标题经常为"极地涡旋再袭芝加哥"。

如果海冰消融，北极变暖，北半球自南向北的温度梯度会显著减小，同时压力梯度也会减小，急流形势随之发生变化。北极放大效应在秋冬季节最明显，因此异常的急流对中纬度天气的影响也最显著。

珍·弗朗西斯与合作者指出，海冰范围较小的9月与海冰范围较大的9月相比，大气环流模式有很大差异，也就是说北极海冰的减少在一定程度上会影响大气环流。[17] 上述观测结果支持了先前的（以及随后的）许多气候模拟实验，模拟结果显示，大气环流模式确实可能会对海冰覆盖的变化作出响应。以下这些都是理想化的敏感性试验；将北极海冰全部或部分移除，看看之后会发生什么。一般可能会认为，随着北极变暖，温度梯度减小，急流风速将减弱，但实际情况可能更复杂。模型研究和观测结果同时显示，海冰消融区域的不同对结果有很大影响。例如，海冰消融发生在喀拉海（Kara Sea）和巴伦支海地区，还是波弗特海和楚科奇海地区，大气环流的响应是完全不同的。平流层和地表之间的耦合似乎也非常重要。

直面新北极

2012年,珍·弗朗西斯与史蒂夫·维福路斯(Steve Vavrus)合作发表了一篇基于大气再分析数据的论文,分析北极放大效应与中纬度极端天气事件之间的关系。[18]他们指出,北极放大效应会影响到罗斯贝波的振幅和移动方式,因此可能会在一个地方停留很长时间,导致该地天气异常。例如,当极地涡旋的冷空气大肆侵入美国东部地区时(媒体会冠名"末日雪灾"与"极地涡旋的入侵"等),阿拉斯加地区却发生了异常偏暖的事件。

他们的研究引起不小轰动,遭到气候变化怀疑论者的尖锐批评。"全球变暖使芝加哥陷入重度雪灾?""这些科学家是在开玩笑吗?"很多科学家对此持质疑态度。一些研究者从数据分析的缺陷方面质疑[19],另外还有研究者对北极放大效应和中纬度异常天气之间的联系质疑。例如,大家基本认可海冰消融会导致北冰洋内部及海表增暖,但热量似乎不能延伸到高层大气并影响到大气环流,观测到的北极地区高层大气的增温,更多的是由北极地区以外海洋表面温度变化导致的,并反过来改变大气环流,从而对北极地区温度造成影响。[20,21]换句话说,珍·弗朗西斯与史蒂夫·维福路斯的观点刚好相反。最新研究显示,异常的天气仅仅是自然气候变率的表现。随着本书的出版,争论仍在继续,但越来越多的证据表明北极变暖会影响中纬度的天气。

目前人们普遍认为,随着北极近地表大气持续增暖,冬季寒潮爆发,北极冷空气南侵(主流媒体可能会把这描述为"极涡的侵袭")到

展　望

中纬度地区时,其影响将不会像过去那样强烈。我对 20 世纪六七十年代在缅因州(Maine)的成长经历有很深刻的记忆,冬季冷锋南下时,预示持续数周的冷空气即将到来,温度将降至零摄氏度以下,脚踩在雪中发出"嘎吱""嘎吱"的声响。我无法表述为何这段记忆会如此深刻,如此可爱;也许它来自我对大自然的迷恋吧。对我们许多人来说,仍然难以接受人类正在改变地球气候的事实,如果我们什么都不做,我记忆中的严冬乐趣景象将会慢慢消失。北极不会"说谎"。

结　　语

　　18 世纪、19 世纪和 20 世纪早期北极探险家的动机主要是追求财富，即找到一条通往东方财富的捷径，以及获取个人名声和荣耀，发现新大陆和纯科学探险。所有探险家都需要北极地图并了解北极气候。这意味着要建立一个知识库，每次探险都要利用和依赖前人所获知的信息。这是一个散乱且不公平的过程，充满悲剧，如约翰·富兰克林的探险在黑暗与惊恐中发现了西北航道，第一次国际极地年之后格里利（Greely）撤离了他在康格堡的营地后悲惨地向南挺进。但即使到了 1920 年，人们对北极仅仅获得的浅薄的了解程度也令人印象深刻。

　　如今，我们对北极如何运转、如何变化、将向何处去的理解，尽管还不完整但已非常成熟。就像科学界努力理解 20 世纪 90 年代早期开始揭示的北极变化一样，这些人终究会找出这些未知问题的答案。这是因为，像本书提到的那些科学家一样，不管是做观测的，做模型的，还是两者都做的，也不管是气候学家、海洋学家、冰川学家或生态学家，他们都是探险家，只是与过去的北极探险家所用方式不同而已。现代科学家与过去探险家的动机都是一样的，即努力发现和认知。科学家也站在前辈的肩膀上，只是会问不同的问题，并使用不同的工具和方法。

新的科学观测和分析经常会发现现有观点的弱点和瑕疵，然后旧观点被修正或被新观点取代。科学的过程容易受到人类弱点的影响，包括虚荣、嫉妒、竞争、贪婪和自恋。任何声称这些东西在科学中不存在的人，要么在撒谎要么完全无知。所有科学家都有相处很好的同事，也有极力想避开的同事。持有不同观点的科学家之间在会议上大喊大叫并不是没有听说过。同行评议过程有时会让人发火，因为它仍不完善。有巨大贡献的文章有时被拒，就是因为一些毫无根据的糟糕评论。有些文章貌似只提供了很微小的见解，但在评审专家那里获得好评，最终在著名期刊上发表。这可能是一个谜。而且正如我们所看到的那样，科学并没有脱离政治。但是，科学有持续性，因为它是一个竞争的、再生的过程，只有最好的观点、概念、理论能经得起时间的检验。

缺乏公众支持是无法做纯科学研究的，像读者这样的纳税人资助了美国国家科学基金会、国家航空航天局、国家海洋与大气管理局，以及资金监管部门。科学基金的未来值得关注。由于预算压力，近年来对北极研究的资助总体上相当一般。很多北极观测网络项目已经结束。一个突出例证是，北极点环境观测计划自 2000 年启动后运行了很长时间，但于 2015 年结束了。杰米·莫里森扼腕痛惜地说："随着项目的取消,我们失去了一些关键的将来无法复制的重复观测。"然而,其他北极观测网络项目还在继续,也有一些将会上线。在欧洲的大力支持下,一项名为"北极气候研究多学科漂流冰站计划"(MOSAiC)的大型国际项目——本质上是 SHEBA 的升级版,即将启动。美国科学界也有乐观的理由,因为 2016 年美国国家科学基金会主任弗朗斯·科尔多瓦(Frances Cordova)宣布了"航行新北极"倡议,作为该机构未来总体计划的一部分,其中就包括扩展观测网络。然后,本书还在撰写过程中时,一个不太愿意接受气候变化科学的政府进入了白宫。

致力于研究北极变化的科学家,一些已经辞世,一些已经退休,还有一些转向了其他领域,但还有许多仍很活跃,就像 20 世纪 90 年代初北极变化线索第一次出现时那么好奇。年轻一代科学家拥有更新更强大的工具,将会继续寻求对北极变化的理解和认知。

北极正在加速变化,还有大量工作要做。2015—2016 年冬季似乎是北冰洋空前热的一个冬季。2015 年 12 月末,有一个很短的时间北极表面气温真的上升至 0 摄氏度以上。北极放大效应是新北极的一部分,到现在至少有十年了,但以前 12 月末北极气温达到或超过 0 摄氏度还闻所未闻。热浪持续,减缓了冬季北极海冰的增长,2016 年 3 月 24 日,当北极海冰范围达到季节最大时,它创了历史新低,打破了仅一年前 2015 年保持的最小纪录。然后,2016 年秋季和冬初又有一次热浪,比一年前的那次更令人印象深刻,10 月和 11 月海冰范

直面新北极

围双双创历史新低。2016 年 11 月中旬,甚至有一小段时间海冰范围是下降的,而通常这段时间是北极海冰增长最迅速的季节。

读太多的个例并不是明智之举,但是最近观测到的已经超出了合理范围,简直是疯狂的。2017 年 1 月初,美联社一位做了很长时间的科学记者塞思·博伦斯坦(Seth Borenstein)在电话中向我哀叹,说他手里关于北极的新故事不多了——一个记者要报道多少次北极发生的事,才会使素材变得如此重复以至于让人们失去兴趣呢?

我个人的旅程远未结束,而且我所承担的使命似乎越来越多地是传播科学,以确保社会不会忽视北极正在发生的事情的重要性。如果本书能使您开一些眼界,那么我认为本书就成功了。像许多科学家一样,我可能永远不会完全退休,因为科学已经融入我的血液,是它每天早晨唤我起床,给我目标。在我有生之年,我希望有一天能重回埃尔斯米尔岛,访问圣帕特里克湾冰帽站,因冰帽消失,它即将成为前圣帕特里克湾冰帽站。从全局来看,我 20 世纪 80 年代读雷蒙德·布拉德利研究生时非常熟悉的这两个小冰帽,是北极变暖的历史长河中很不起眼的牺牲品,但对它们自己来讲是至关重要的。它们值得拥有一个体面的"葬礼"。

注　释

第一章

［1］雷蒙德·布拉德利看起来精力无限。他写了一本关于古气候方法学的教材,广受欢迎。

［2］R. S. Bradley and G. H. Miller (1972), "Recent Climatic Change and Increased Glacierization in the Eastern Canadian Arctic," *Nature* 237: 385 – 387.

［3］R. S. Bradley and J. England (1978), "Recent Climatic Fluctuations of the Canadian High Arctic and Their Significance for Glaciology," *Arctic and Alpine Research* 10:715 – 731.

［4］J. D. Ives, J. T. Andrews, and R. G. Barry (1975), "Growth and Decay of the Laurentide Ice Sheet and Comparisons with Fenno-Scandinavia," *Die Naturwissenschaften* 62:118 – 125. 1989 年,杰克·艾夫斯担任我的博士论文答辩委员会委员;罗杰·巴里是我的导师。

［5］J. D. Hayes, J. Imbrie, and N. J. Shackleton (1976),

"Variations in the Earth's Orbit: Pacemaker of the Ice Ages," *Science* 19: 1121 – 1132.

[6] 乔治是一位备受尊敬的科学家、冒险家和探险家。在极地大陆架计划(1972—1988 年)期间,1983 年他在北极发现了一座巨大的平顶冰山,碰巧也命名为"霍布森选择"(Hobson's Choice*)。这座冰山在接下来的九年里,作为科研平台在北冰洋漂流,为此他感到非常自豪。乔治经常与北极当地居民保持联系,使他们了解所在地区的科学项目,受到广泛赞誉。多年来,因他对科学的贡献获得许多奖项,并以其音乐才能广为人知。

[7] G. Hattersley-Smith and H. Serson (1973), "Reconnaissance of a Small Ice Cap near St. Patrick Bay, Robeson Channel, Northern Ellesmere Island, Canada," *Journal of Glaciology* 12:417 – 421.

[8] 弗里茨·科纳一生成就卓著,其中之一是在 1968—1969 年作为英国跨北极远征队的成员,通过狗拉雪橇横越北冰洋冰面,从阿拉斯加到斯匹次卑尔根岛。他是一个了不起的故事讲述者。从我作为一名野外工作助理的角度来看,寒冷似乎丝毫影响不了他。

[9] C. Braun, D. R. Hardy, and R SBradley (2004), "Mass Balance and Area Changes of Four High Arctic Plateau Ice Caps," *Geografiska Annaler* 86A: 43 – 52.

---

*译者注:原意指没有选择的选择。北极其实并没有可供选择用作科研平台的冰山,因此霍布森发现这座冰山并将其用作科研平台,就如同"霍布森选择"。

〔10〕B. C. Forbes，T. Kumpula，N. Meschtyb，et al.（2016），"Sea Ice，Rain-on-snow，and Tundra Reindeer Nomadism in Arctic Russia，" *Biological Letters* 12，http：∥dx. doi. org/10. 1098/rsbl. 2016.0466.

第二章

〔1〕NSIDC，"Arctic Sea Ice News & Analysis"，https：∥nsidc.org/arcticseaicenews/.

〔2〕NSIDC，"Greenland Ice Sheet Today"，http：∥nsidc. org/greenland-today/.

〔3〕*The Cryosphere Today*，http：∥arctic. atmos. uiuc. edu/cryosphere/.他们从美国国家雪冰数据中心获取海冰数据。

〔4〕Universität Bremen（不来梅大学），*Sea Ice Remote Sensing*，http：∥iup.uni-bremen.de：8084/amsr2/. AMSR－2 也是被动微波仪器,但与美国国防气象卫星项目 F 系列卫星搭载的微波传感器工作的波段不同。

〔5〕Polar Science Center(极地科学中心)，"PIOMAS Arctic Sea Ice Volume Reanalysis"，http：∥psc. apl. uw. edu/research/projects/arctic-sea-ice-volume-anomaly/.

〔6〕NOAA Arctic Program（北极项目），*Arctic Report Card*，http：∥www.arctic.noaa.gov/reportcard/. 从 NOAA 主页便可访问每年的

北极年度报告。部分年度报告也在美国气象学会气候状况报告中发表：https：//www.ametsoc.org/ams/index.cdf/publications/bulletin-of-the-american-meteorological-society-bams/state-of-the-climate/。

[7] 多通道卫星被动微波时间序列是由 3 颗不同卫星拼接的：搭载在 Nimbus－7（1978 年 10 月到 1987 年 7 月）上的扫描多通道微波辐射计（SMMR），接下来是搭载在美国国防气象卫星项目 F 系列卫星上的特殊传感器微波成像仪（SSM/I）和特殊传感器微波成像仪/探测器（SSMIS）。也有 1972 年 12 月到 1977 年 5 月的 Nimbus－5 电子扫描微波辐射计（ESMR－5），但这是单通道的，海冰反演质量较低。

[8] 科罗拉多大学的詹姆斯·马斯兰尼克、查克·福勒和马克·楚迪花了很大工夫调整算法并持续维护。

[9] J. E. Kay and A. Gettelman（2009），"Cloud Influence and Response to Seasonal Arctic Sea-ice Loss". *Journal of Geophysical Research* 114：D18204，doi：10.1029/2009JD011773.

[10] M. C. Serreze，A. P. Barrett，and J. Stroeve（2012），"Recent Changes in Tropospheric Water Vapor over the Arctic as Assessed from Radiosondes and Atmospheric Reanalyses"，*Journal of Geophysical Research*，117：D10104，doi：10.1029/2011JD017421.

[11] F. Pithan and T. Mauritsen（2014），"Arctic Amplification Dominated by Temperature Feedbacks in Contemporary Climate Models". *Nature Geoscience*，7：181－184，doi：10.1038/ngeo2071.

〔12〕 International Arctic Buoy Programme(国际北极浮标项目),
http://iabp.apl.washington.edu/.

〔13〕 I. Overeem, R. S. Anderson, C. W. Wobus, et al. (2011),
"Sea-ice Loss Enhances Wave Action at the Arctic Coast", *Geophysical
Research Letters* 38:L17503, doi: 10.1029/2011GL048681.

〔14〕 A. Shepherd, E. R. Ivins, G. A. Valentina, et al. (2012),
"A Reconciled Estimate of Ice-sheet Mass Balance", *Science* 338, doi:
10.1126/science.1228102.

〔15〕 追溯到 2002 年,伍兹霍尔海洋生物学实验室的布鲁斯·
彼得森是第一位记录欧亚河流流入北极的流量增加的人。见 *Arctic
Report Card*:Update for 2015, http://www.arctic.noaa.gov/reportcard/。

〔16〕 K. R. Arrigo and G. L. van Dijken (2015), "Continued
Increases in Arctic Ocean Primary Production", *Progress in Oceanography*
136:60−70, doi:10.1016/j.pocean.2015.05.002.

〔17〕 L. S. Guy, S. E. Moore, and P.J. Stabeno (2016), "What
Does the Pacific Arctic's New Normal Mean for Marine Life?" *EOS*:
Transactions of the American Geophysical Union, 97: 14−19.

〔18〕 J. C. George, M. L. Druckenmiller, K. L. Laidre, R.
Suydam, and B. Person (2015), "Bowhead Whale Body Condition and
Links to Summer Sea Ice and Upwelling in the Beaufort Sea", *Progress in
Oceanography* 136: 250−262, doi:10.1016/j.pocean.2015.05.006.

[19] NOAA Arctic Program（北极项目），*Arctic Report Card*，http：//www.arctic.noaa.gov/reportcard/.

[20] B. C. Forbes，T. Kumpula，N. Meschtyb，et al.（2016），"Sea Ice，Rain-on-snow，and Tundra Reindeer Nomadism in Arctic Russia"，*Biological letters*，12：20160466，http：//dx.doi.org/10.1098/rsbl.2016.0466.

第三章

[1] J. E. Walsh and C. M. Johnson（1978），"An Analysis of Sea-ice Fluctuation，1953—1977"，Journal of Physical Oceanogrphy，9：580‐591. 随后，约翰成为一名北极气候方面的领衔科学家，我很荣幸能跟随他做了一些项目。截至该书出版时，他仍然十分活跃。约翰非常有远见，总是能预见到别人想不到的事情。

[2] 约翰·沃尔什，个人交流。

[3] C. L. Parkinson and W. W. Kellogg（1979），"Arctic Sea-ice Decay Simulation for a CO_2-induced Temperature Rise"，*Climatic Change*，2：149‐162. 本文中克莱尔和瓦朗·华盛顿把基本的热动力学方法组合到一起开发的模式，在如今仍起着重要作用。

[4] 克莱尔·帕金森，个人交流。

[5] S. Manabe and R. Stouffer（1980），"Sensitivity of a Global Climate Model to an Increase in CO_2 Concentration in the Atmosphere"，

Journal of Geophysical Research 85，C10：5529－5554.真锅淑郎是气候模式的先驱，这篇文章发表有 35 年以上了，但仍然有重要作用。

［6］　J. Hansen，D. Johnson，A. Lacis，S. Lebedeff，P. Lee，D. Rind，and G. Russell（1981），"Climate Impact of Increasing Atmospheric Carbon Dioxide"，*Science* 213：957－966，doi：10.1126/science.213.4511.957. 汉森的一些早期工作是研究辐射传输模型，试图理解具有失控温室效应的金星大气。他后来改进这些模型，用来模拟地球大气。作为一个美国国家航空航天局的科学家，汉森在需要处理全球变暖问题时变得直言不讳。即便退休后，他也经常是气候变化怀疑论者攻击的目标。

［7］　A. H. Lachenbruch and B. Vaughn Marshall（1986），"Changing Climate：Geothermal Evidence from Permafrost in the Alaskan Arctic"，*Science* 234（4777）：689－695，doi：10.1126/science.234.4777.689. 这是我注意到的第一篇提供北极变暖的观测证据的文章。

［8］　J. E. Hansen and S. Lebedeff（1987），"Global Trends of Measured Surface Air Temperature"，*Journal of Geophysical Research*，92：13345－13372，doi：10.1029/JD092iD11p13345.

［9］　政府间气候变化专门委员会发布的第一次评估报告（1990），见 https：//www.ipcc.ch/publications_and_data/publications_ipcc_first_assessment_1990_wg1.shtml。

［10］　克里斯·德克森，个人交流。

[11] J. D. Kahl, D. J. Charlevoix, N. A. Zaitseva, et al. (1993), "Absence of Evidence for Greenhouse Warming over the Arctic Ocean in the Past 40 Years", *Nature* 361：335 – 337.

[12] 第一个北极点站(NP – 1)是 1937 年建立的,距北极点约 20 千米以内,由极地探险家和科学家伊万·德米特里耶维奇·帕帕宁(Ivan Dmitrievich Papanin)领导。他两次获得苏联英雄称号,九次获得列宁勋章。这些北极点站在 1954 年至 1991 年持续运行,直至苏联解体,项目关闭。漂浮的北极站有些建在厚厚的海冰上,有些建在扁平的冰山上。随时有一至三个站在运行。2003 年项目重启。北极点站项目由俄罗斯北极和南极研究所负责组织。

[13] 克姆·奥弗兰,个人交流。

[14] 玛丽卡·霍兰,个人交流。

[15] 珍·弗朗西斯,个人交流。

[16] W. L. Chapman and J. E. Walsh (1993), "Recent Variations of Sea iCe and Air Temperature in High Latitudes", *Bulletin of the American Meteorological Society*, 74：33 – 47, http：//dx.doi.org/10.1175/ 1520 – 0477(1993)074<0033：RCOSIA>2.0.CO；2.

[17] J. D. Kahl, M. C. Serreze, R. Stone, et al. (1993), "Tropospheric Temperature Trends in the Arctic, 1958—1986", *Journal of Geophysical Research* 98：12825 – 12838.

[18] 迈克·斯蒂尔,个人交流。

［19］ D. Quadfasel，A. Sy，D. Wells，and A. Tunik（1991），"Warming in the Arctic"，*Nature* 350：385，10.1038/350385a0. 库阿德法赛尔收集数据的俄国号是 1985 年建成的与北极号同一级别的苏联核动力破冰船之一。一艘新改进的北极号破冰船于 2016 年下水，原来的北极号则于 2008 年退役。

［20］ L. G. Anderson，G. Bjork，O. Holby，et al.（1994），"Water Masses and Circulation in the Eurasia Basin：Results from the Oden 91 Expedition"，*Journal of Geophysical Research* 99：3273 – 3283.

［21］ M. C. Serreze，J. E. Box，and R. G. Barry（1993），"Characteristics of Arctic Synoptic Activity，1962—1989"，*Meteorology and Atmospheric Physics* 1：147 – 164. 第二作者贾森·博克斯最终成为一位著名的冰川学家。写这篇文章时，他还是一名本科生。

［22］ J. E. Walsh，W. L. Chapman，and T. Shy（1996），"Recent Decrease of Sea-level Pressure in the Central Arctic"，*Journal of Climate* 9：480 – 486，http：// dx. doi. org/10.1175/1520 – 0442（1996）009＜0480：RDOSLP＞2.0.CO；2.

［23］ 约翰·沃尔什，个人交流。

［24］ J. A. Maslanik，M. C. Serreze，and R. G. Barry（1996），"Recent Decreases in Arctic Summer Ice Cover and Linkages to Atmospheric Circulation Anomalies"，*Geophysical Research Letters* 23：1677 – 1680.

［25］与气旋的关系似乎越来越复杂了。多暴风雨的夏天会有更多的海冰留存下来,但最近几年很明显的是,个别强风暴有时也有助于减小海冰范围。至少在某种程度上,可能因为现在的海冰比以前更薄,因而对风的响应也改变了。同时,强风也可能更有能力搅起下面的暖水,加速海冰融化。

［26］T. Haine（2008）,"What Did the Viking Discoverers of America Know of the North Atlantic Environment?" *Weather* 63：60 – 65, doi：10.1002/wea.150.

［27］J. W. Hurrell（1995）,"Decadal Trends in the North Atlantic Oscillation：Regional Temperatures and Precipitation", *Science* 269：6760679.

［28］J. W. Hurrell（1996）,"Influence of Cariations in Extratropical Wintertime Teleconnections on Northern Hemisphere Temperature", *Geophysical Research Letters* 23：6668.

［29］吉姆·赫里尔,个人交流。

［30］J. T. Houghton, L. G. MeiraFilho, B. A. Callander, N. Harris, A. Kattenberg, and K. Maskell, eds（1996）, *Climate Change* 1995：*The Science of Climate Change*, New York Cambridge University Press, for the Intergovernmental Panel on Climate Change, https：// www. ipcc. cn/ ipccreports/ sar/ wg_I/ ipcc_sar_wg_I_full_report.pdf.

第四章

［1］ 唐·佩罗维奇,个人交流。

［2］ E. Kalnay, M. Kanamitsu, R. Kistler, et al. (1996) , "The NCEP/NCAR 40-year Re-analysis Project," *Bulletin of the American Meteorological Society* 77: 437－471.大气再分析已经彻底改变了气候科学,NCEP/NCAR 再分析是第一个。

［3］ J. Overpeck, K. Hughen, D. Hardy, et al. (1997) , "Arctic Environmental Change of the Last Four Centuries," *Science* 278: 1251－1256.

［4］ S. Martin, E. A. Munoz, and R. Drucker (1997) , "Recent Observations of a Spring-Summer Surface Warming over the Arctic Ocean," *Geophysical Research Letters* 24: 1259－1262.

［5］ M. C. Serreze, F. Carse, R. G. Barry, et al. (1997) , "Icelandic Low Cyclone Activity: Climatological Features, Linkages with the NAO, and Relationships with Recent Changes in the Northern Hemisphere Circulation," *Journal of Climate* 10: 453－464.

［6］ A. Y. Proshutinsky and M. A. Johnson (1997) , "Two Circulation Regimes of the Wind-driven Arctic Ocean," *Journal of Geophysical Research* 102: 12,493－514.

［7］ M. Steele and T. Boyd (1998) , "Retreat of the Cold

Halocline Layer in the Arctic Ocean," *Journal of Geophysical Research* 103: 10,419 – 435.

[8] 迈克·斯蒂尔, 个人交流。

[9] D. W. J. Thompson and J. M. Wallace (1998), "The Arctic Oscillation Signature in the Wintertime Geopotential Height and Temperature Fields," *Geophysical Research Letters* 25: 1297 – 1300.

[10] 杰米·莫里森, 个人交流。

[11] C. L. Parkinson, D. J. Cavalieri, P. Gloersen, H. J. Zwally, and J. C. Comiso (1999), "Arctic Sea Ice Extents, Areas, and Trends, 1978—1996," *Journal of Geophysical Research* 104(C9): 20, 837 – 856, doi: 10.1029/1999JC900082.

[12] D. A. Rothrock, Y. Yu, and G. A. Maykut (1999), "Thinning of the Arctic Sea-ice Cover," *Geophysical Research Letters* 26: 3469 – 3472.

[13] C. Deser (2000), "On the Teleconnectivity of the 'Arctic Oscillation,'" *Geophysical Research Letters* 27: 779 – 782.

[14] 克拉拉·德塞尔, 个人交流。

[15] 阿曼达·林奇, 个人交流。

[16] M. C. Serreze, J. E. Walsh, F. S. Chapin Ⅲ, et al. (2000), "Observational Evidence of Recent Change in the Northern High Latitude Environment," *Climatic Change* 46: 159 – 207.

第五章

［1］政府间气候变化专门委员会发布的第三次评估报告（2001年），见 https://www.ipcc.ch/ipccreports/tar/。

［2］I. G. Rigor, J. M. Wallace, and R. L. Colony（2002），"Response of Sea Ice to the Arctic Oscillation," *Journal of Climate* 15：2648 – 2663.

［3］I. G. Rigor and J. M. Wallace（2004），"Variations in the Age of Arctic Sea-ice and Summer Sea-ice Extent," *Geophysical Research Letters* 31：L09401, doi：10.1029/2004GL019492.

［4］W. Krabill, W. Abdalati, E. Frederick, et al.（2000），"Greenland Ice Sheet：High-elevation Thinning and Peripheral Thinning," *Science* 289：428 – 430.

［5］W. Abdalati and K. Steffen（2001），"Greenland Ice Sheet Melt Extent：1979 – 1999," *Journal of Geophysical Research* 106：33,983 – 988.

［6］J. Zwally, W. Abdalati, T. Herring, et al.（2002），"Surface Melt-induced Acceleration of Greenland Ice-Sheet Flow," *Science* 297：218 – 222, doi：10.1126/science.1072708. PMID 12052902.

［7］瓦利德·阿布达拉提，个人交流。

［8］M. B. Dyurgerov and M. F. Meier（1997），"Year-to-year

Fluctuation of Global Mass Balance of Small Glaciers and Their Contribution to Sea-level Changes," *Arctic and Alpine Research* 29：392 - 402. 马克 2003 年从俄罗斯移民到美国。他不仅是一位伟大的科学家,也是我所见过的最令人愉快的人之一。2009 年,他因心脏病溘然长逝,整个业界都沉浸在悲痛之中。

[9] A. A. Arendt, K. A. Echelmeyer, W. D. Harrison, et al. (2002), "Rapid Wastage of Alaska Glaciers and Their Contribution to Rising Sea Level," *Science* 297：382 - 385.

[10] V. Romanovsky, M. Burgess, S. Smith, et al. (2002), "Permafrost Temperature Records：Indicators of Climate Change," *EOS, Transactions of the American Geophysical Union* 83：589 - 594, 10.1029/2002EO000402. 弗拉基米尔,另一位俄罗斯移民,自 1992 年以来一直在阿拉斯加大学工作,世界顶级冻土专家之一。

[11] M. Sturm, C. Racine, and K. Tape (2001), "Climatic Change：Increasing Shrub Abundance in the Arctic," *Nature* 411：546 - 547. 这篇文章的内容只是马修·斯特姆的副业,他的专长是积雪。可以说,他比地球上的任何人都要了解积雪。他通常会使用能在雪上前行的机器和雪橇,穿越北极数百千米的断面去研究积雪。我很幸运,已经认识马修多年了。

[12] L. Zhou, C. J. Tucker, R. K. Kaufmann, et al. (2001), "Variations of Northern Vegetation Activity Inferred from Satellite Data of

Vegetation Index during 1981 to 1999," *Journal of Geophysical Research* 106: 20,69 - 83.

[13] M. M. Holland and C. M. Bitz (2003), "Polar Amplification of Climate Change in Coupled Models," *Climate Dynamics* 21: 221 - 232.

[14] I. V. Polyakov, G. V. Alekseev, R. V. Bekryaev, et al. (2002), "Observationally Based Assessment of Polar Amplification of Global Warming," *Geophysical Research Letters* 29, doi: 10. 1029/2001GL011111.

[15] O. M. Johannessen, L. Bengtsson, M. W. Miles, et al. (2004), "Arctic Climate Change: Observed and Modelled Temperature and Sea-ice Variability," *Tellus* 56A: 328 - 341.

[16] B. J. Peterson, R. M. Holmes, J. W. McClelland, et al. (2002), "Increasing River Discharge to the Arctic Ocean," *Science* 298: 2171 - 2173.

[17] 马克斯·霍姆斯, 个人交流.

[18] T. J. Boyd, M. Steele, R. D. Meunch, and J. T. Gunn (2002), "Partial Recovery of the Arctic Ocean Halocline," *Geophysical Research Letters* 29: 1657, doi: 10.1029/2001GL014047.

[19] K. Y. Vinnikov, A. Robock, R. J. Stouffer, et al. (1999), "Global Warming and Northern Hemisphere Sea-ice Extent," *Science* 286: 1934 - 1937.

[20] 唐·佩罗维奇,个人交流。

[21] 珍·弗朗西斯,个人交流。

[22] 查利·沃勒什毛尔蒂永远精力充沛。他被喻为"水文界的二手车推销员",因为他经常能把自己的想法成功"推销"给别人。

[23] 查利·沃勒什毛尔蒂,个人交流。

[24] D. A. Rothrock, J. Zhang, and Y. Yu (2003), "Arctic Ice Thickness Anomaly of the 1990s: A Consistent View from Observations and Models," *Journal of Geophysical Research* 108: 3083, doi: 10. 1039/2001JC001208.

[25] M. Sturm, D. K. Perovich, and M. C. Serreze (2003), "Meltdown in the North," *Scientific American* 289: 42 – 49.

[26] 吉姆·奥弗兰,个人交流。

第六章

[1] 这已经是抗议后的结果了。根据本书英文版编辑在审阅手稿时得到的信息,美国国家科学基金会对关于北极的项目进行了广泛审查,并得出结论,认为有必要大幅增加北极研究的经费支持力度。

[2] 迈克·莱德贝特,个人交流。

[3] 杰米·莫里森,个人交流。

[4] 国际北极科学委员会(IASC, http://iasc.info)是一个旨在促进北极研究国际合作的非政府组织。现在促进和协调北极与气候研究

的美国和国际组织日益增多,IASC 只是其中一员。这些组织多以首字母缩写出现,在众多的组织中很难确定他们成立的具体时间。仅有部分组织资金雄厚,他们大多虽然是纸老虎,但实际上还是有所作为的,IASC 便是其中的佼佼者。IASC 由 8 个北极地区国家的外交部谈判并建立,他们在北极地区进行了大量的研究工作,形成了 23 个国家的创始条款,旨在促进北极研究各个领域的合作互助关系。

［5］ 迈克·莱德贝特,个人交流。

［6］ R.S. Bradley（2011）, *Global warming and Political Intimidation*： *How Politicians Cracked Down on Scientists as the Earth Heated Up*, Amherst and Boston：University of Massachusetts Press.

［7］ 雷蒙德·布拉德利,个人交流。

［8］ 科尼·斯蒂芬,个人交流。

［9］ M.E. Mann, R.S. Bradly, and M.G. Hughes（1998）,"Global-scale Temperature Pattern and Climate Forcing over the Past Six Centuries,"*Nature* 392：779 - 787, doi：10.1038/33859.

［10］ M. E. Mann, R. S. Bradly, and M. G. Hughes（1999）, " Northern Hemisphere Temperatures during the Past Millennium： Inferences, Uncertainties, and Limitations,"*Geophysical Research Letters* 26：759 - 762, doi：10.1029/1999GL900070.

［11］ 雷蒙德·布拉德利,个人交流。

［12］ 查利·沃勒什毛尔蒂,个人交流。

［13］Arctic Climate Impact Assessment-Scientific Report（2005），New York：Cambridge University Press，http：// www. acia. uaf. edu/ pages/scientific.html.

［14］沃尔克·拉赫德，个人交流。

［15］J. C. Stroeve，M. C. Serreze，F. Fetterer，et al.（2005），"Tracking the Arctic's shrinking ice cover：Another extreme September minimum in 2004," *Geophysical Research Letters*，32：L04501，doi：10.1029/2004GL021810.

［16］J. T. Overpeck，M. Sturm，J. A. Francis，et al.（2005），"Arctic system on trajectory to new，seasonally ice-free state," *Eos*，*Transactions American Geophysical Union*，86：309－313.

［17］I. V. Polyakov，A. Beszczynska，E. C. Carmack，et al.（2005），"One more step toward a warmer Arctic," *Geophysical Research Letters*，32：L17605，doi：10/1029/2005GL023740.

［18］K. Shimada，T. Kamoshida，M. Itoh，et al.（2006），"Pacific Ocean inflow：Influence on catastrophic reduction of sea ice cover in the Arctic Ocean," *Geophysical Research Letters*，2006，33：L08605，doi：10.1029/2005GL025624.

［19］M. M. Holland，C. M. Bitz，B. Tremblay.（2006），"Future abrupt reductions in the summer Arctic sea ice," *Geophysical research letters*，33：L23503，doi：10.1029/2006GL028024.气候系统是混沌的，

系统内部微小的变化,如某个地区温度、风和湿度的改变,都会导致整体系统的路径发生改变。运行一系列初始条件不同的模式(作为模式集合),为观察整个气候系统的演变提供了途径。

[20] J. Stroeve, M. M. Holland, W. Meier, et al.(2007),"Arctic sea ice decline: Faster than forecast," *Geophysical Research Letters*, 34:L09501, doi:10.1029/2007GL029703.

[21] 朱丽安娜·斯特罗夫, 个人交流。

[22] 政府间气候变化专门委员会发布的第四次评估报告(2007年),见 https://www.ipcc.ch/report/ar4/。

[23] 正如我们在第一章讲的那样,1882—1883 年第一次国际极地年活动虽成功举办,但由于格里利北极考察队的悲剧而蒙上了一层阴影。第二次国际极地年活动在 1932—1933 年展开,第三次国际极地年活动与国际地球物理年(IGY)活动一同在 1957—1958 年举办。第四次国际极地年活动雄心勃勃,来自 60 个不同国家的数千名研究人员参与了这项活动。事后看来,它本可以做到更好(正如一位科学家所言,这种方法似乎是"准备、开火、瞄准"),这是一项由科学研究驱动的活动,而科学家们通常不喜欢自上而下的指令。

[24] 从 2007 年发表于美国国家科学基金会的一份简报中的文章 来 看 ["北 极 洋 观 测 网(AON), https://www.nsf.gov/news/newssumm.jsp? cntn_id = 109687]:AON 预期成为一个综合监测大气、陆地和海洋环境变化的系统——从海洋浮标到卫星遥感观测数

据——极大地促进我们对北极环境状况的理解。AON 的数据为美国政府跨部门合作进行的北极环境变化研究计划提供了数据支持,旨在了解北极地区发生的一系列重大而快速的变化。AON 在 2009年美国复苏和再投资法案中获得了巨大的资金支持,这是一个为应对大萧条而展开的经济刺激方案。

[25] 北极环境变化研究计划尽管面临重重困难,但仍在奋勇前行,使得 AON 成为大众焦点。反之,AON 的一个关键支撑是国际极地年的举办。杰米·莫里森的北极环境观测项目,自 2000 年以来开始提供北冰洋的关键数据,并入了 AON 的结构中,开展了一系列新的项目。我参加了一个由马修·斯特姆领导的 AON 项目,旨在了解阿拉斯加北坡的雪情。这是一门很有价值的科学,我非常荣幸可以参与进来,离开办公室走到野外,每年进行为期几周的科考活动。

[26] J. Wang, J. Zhang, E. Watanable, et al. (2009), "Is the dipole anomaly a major driver to record lows in arctic summer sea-ice extent?" *Geophysical Research Letters* 36: L05706, doi: 10. 1029/2008GL036706.

[27] M. Tedesco, M. C. Serreze, R. Schroeder, et al. (2009), "Identifying the Causes of Greenland's Record Surface Melt In 2007", *The Cryosphere* 2: 159 - 166.

[28] M. A. Rawlins, M. C. Serreze, R. Schroeder, et al. (2009), "Diagnosis of the Record Discharge of Arctic-Draining Eurasian

Rivers in 2007". *Environmental Research Letters*, 4(4): 045011.

［29］朱丽安娜·斯特罗夫，个人交流。

［30］德克·诺茨，个人交流。

［31］R. A. Woodgate, T. Weingartner, R. Lindsay. (2010), "The 2007 Bering Strait oceanic heat flux and anomalous Arctic sea-ice retreat". *Geophysical Research Letters*, 2010, 37(1).

［32］M. C. Serreze, J. A. Franci. (2006), "The Arctic amplification debate". *Climatic Change*, 76(3-4): 241-264.

［33］M. C. Serreze, A. P. Barrett, J. C. Stroeve, et al. (2009), "The emergence of surface-based Arctic amplification," *The Cryosphere*, 3:11-19.

［34］J. A. Screen, I. Simmonds. (2010), "Increasing fall-winter energy loss from the Arctic Ocean and its role in Arctic temperature amplification," *Geophysical Research Letters*, 37. L16707, doi: 10.1029/2010GL044136.

［35］D. S. Kaufman, D. P. Schneider, N. P. McKay, et al. (2009), "Recent warming reverses long-term Arctic cooling." *Science*, 325: 1236-1239.

［36］M. van den Broeke, J. Bamber, J. Ettema, et al. (2009) "Partitioning recent Greenland mass loss," *Science*, 326: 984-986.

［37］A. Shepherd, E. R. Ivins, A. Geruo, et al. (2012)," A

reconciled estimate of ice-sheet mass balance，" *Science*，338：1183－1189.

第七章

［1］这一声明的出处及其变体的来源有一定的不确定性；它被认为是很多人的共同成果，包括但不限于尼尔斯·博尔，约吉·贝拉和萨姆·戈尔德温。

［2］唐纳德·拉姆斯菲尔德是乔治·布什任总统时的美国国防部部长。在他 2006 年辞职后，出版了一本名为《已知与未知》的自传。

［3］ E. Kintisch （2016），" Arctic Nations Eye Fishing Ban，" *Science* 354：278.

［4］ J.C. Stroeve，V. Kattsov，A. Barrett，et al.（2012），"Trends in Arctic sea ice extent from CMIP5，CMIP3 and observations，" *Geophysical Research Letters*，39：L19502，doi：10.1029/2012GL052676.

［5］ S. Tietsche，D. Notz，J. H. Jungclaus，et al.（2011），"Recovery mechanisms of Arctic summer sea ice，" *Geophysical Research Letters*，38：L02707，doi：10.1029/2010GL045698.

［6］德克·诺茨，个人交流。

［7］ M. K. Kapsch，R. G. Graversen，M. Tjernström.（2013），"Springtime atmospheric energy transport and the control of Arctic summer sea-ice extent，" *Nature Climate Change*，3：744－748，doi：10.1038/NCLIMATE1884.

［8］Q. Ding, A. Schweiger, M. L'Heureux, et al. (2017), "Influence of High-Latitude Atmospheric Circulation on Summer Arctic Ice Loss," *Nature Climate Change* 7:789 - 45, doi:10.1028/NCLIMATE3241.

［9］I. V. Polyakov, A. V. Pnyushkov, M. B. Alkire, et al.(2017), "Greater role for Atlantic inflows on sea-ice loss in the Eurasian Basin of the Arctic Ocean," *Science*, 10.1126/science.aai8204.

［10］M.C. Serreze, A. D. Crawford, J. C. Stroeve, et al. (2016), "Variability, trends, and predictability of seasonal sea ice retreat and advance in the Chukchi Sea," *Journal of Geophysical Research: Oceans*, 2016, 121, doi:10.1002/2012GL054092.

［11］R. A. Woodgate, T. J. Weingartner, R. Lindsay. (2012), "Observed increases in Bering Strait oceanic fluxes from the Pacific to the Arctic from 2001 to 2011 and their impacts on the Arctic Ocean water column," *Geophysical Research Letters*, 39: 6, doi: 10. 1029/ 2012GL054092. 丽贝卡是一位真正的海洋学家,她工作极其繁忙,不是在海上进行研究,就是正在出海的路上。

［12］玛丽卡·霍兰,个人交流。

［13］K. Schaefer, T. Zhang, L. Bruhwile, et al. (2011), "Amount and Timing of Permafrost Carbon Release in Response to Climate Warming," *Tellus* 63B:165 - 80, DOI:10.1111/J.1600 - 0899.2011.00527.

［14］N. Shakhova, I. Semiletov, V. Sergienko, et al. (2015), "The East Siberian Arctic Shelf: Towards further assessment of permafrost-related methane fluxes and role of sea ice," *Phil. Trans.*

R. Soc. A, doi：10.1098/rsta.2014.0451.

〔15〕娜塔莉娅·夏克霍娃，个人交流。

〔16〕科里奥利力的产生是因为我们在一个旋转的(加速)参考系中。牛顿运动定律适用于惯性(非加速)参考系。将牛顿定律应用到像地球表面(和大气)这样的旋转参考系中,必须包括科里奥利力。维基百科对此有更加详尽的介绍（https：// en. wikipedia. org/wiki/ Coriolis_force）。

〔17〕J. A. Francis, W. Chan, D. J. Leathers, et al. （2009）, "Winter Northern Hemisphere weather patterns remember summer Arctic sea-ice extent," *Geophysical Research Letters*, 36：L07503, doi：10. 1029/2009GL037274.

〔18〕J. A. Francis, S. J. Vavrus. （2012）, "Evidence linking Arctic amplification to extreme weather in mid-latitudes," *Geophysical Research Letters*, 39：Ll06801, doi：10.1029/2012GL051000.

〔19〕E. A. Barnes. （2013）, "Revisiting the evidence linking Arctic amplification to extreme weather in middle latitudes," *Geophysical Research Letters*, 40, doi：10.102/grl.50880.

〔20〕J. Perlwitz, M. Hoerling, R. Dole. （2015）, "Arctic tropospheric warming：Causes and linkages to lower latitudes," *Journal of Climate*, 28：2154－2167, doi：10.1175/JCLI－D－14－00095.1.

〔21〕S. Lee. （2014）, "A theory for polar amplification from a general circulation perspective," *Asia-Pacific Journal of Atmospheric Sciences*, 50：31－42, doi：10.1007/s13143－014－0024－7.

译　后　记

　　20 多年前,美国气候学家马克·赛瑞兹教授参与策划了第一个联合漂流科学观测项目——北冰洋表面热量平衡项目,他用大量笔墨描述了该计划的出台和执行过程。科学探索的脚步从未停息,2019 年秋,有史以来投资最大,参与国家最多的国际北极科考项目"北极气候研究多学科冰站漂流计划"从挪威特罗姆瑟出发,进军北极。近期,该项目的研究人员发布了令人担忧的信息:"北极海冰正在以惊人的速度消失"。北极地区到底发生了什么? 未来会走向何处?

　　近年来,北极一直在向我们发送警告信号:自 20 世纪 90 年代中期以来,北极地区的升温速度达到全球平均的两倍,海冰覆盖范围逐年减小,多年冻土层逐渐融化……尽管海冰消融使得北极航线成为可能,人们期盼其带来经济效益的同时,更担忧快速变暖导致灾难性后果。北极生态系统正在面临巨大挑战,海洋酸化、生物多样性锐减、苔原区逐渐灌丛化、北极熊栖息地减少、北极鱼类的种群范围也发生了迁移。与此同时,北极变暖不仅威胁着原住民的生存环境,也与世界各地的人们息息相关。海平面上升，导致沿海国家和岛屿国家面临生存危机，多年冻土碳释放以及海冰消融与大气形成一系列的反馈机制，一定程度上影响着全球的海洋和大气环流，诸如中纬度地区频发的极端天气事件。

人类活动导致全球变暖是不争的事实，由此导致的连锁效应，正在朝着不容乐观的方向发生、发展。世界气象组织发布的 2020 年全球气候状况临时报告指出，气候变暖仍在持续，2020 年将成为有记录以来最暖的三个年份之一，而 2016 至 2020 年已注定成为有记录以来最暖的五年。2020 年夏天，北极出现了极端气温记录，最高气温甚至达 38 摄氏度。如此以往……人类赖以维持生计所要面临的气候风险将不断加剧，形势刻不容缓。人类与自然是生命共同体，大自然经过漫长的演化赋予了人类智慧与生命，人类在利用自然，改造自然的同时也应该学会尊重自然，保护自然，保持人类社会与自然生物界赖以长久依存的安全与公平通道。"不要过分陶醉于我们人类对自然界的胜利。对于每一次这样的胜利，自然界都对我们进行报复"。

参与 MOSAiC 的部分学者原本计划 2020 年 3 月初结束考察，因为新冠疫情，没有合适的船接驳人员和物资，回岸计划直接延迟到 5 月。看着《科学》杂志文章写着"把这艘船困在冰里一年……"，不知道这些下船的科研工作者，是否会有"恍如隔世"之感？当然，大自然正以它的方式将人类困在现实世界中。

为此,我们有必要运用科学的方法探索自然,寻求人与自然和谐共处的未来。期盼人类尽早战胜疫情,北极科考队员们重新登临考察船之日,应是我们对这个世界的再一次深刻反思之日。

是为记!

图书在版编目（CIP）数据

直面新北极 /(美) 马克·赛瑞兹著 ; 秦大河等译. — 上海 ：
上海教育出版社，2021.5（2023.10重印）
（"科学的力量"丛书 / 方成，卞毓麟主编. 第三辑）
2019年国家出版基金项目
ISBN 978-7-5720-0603-6

Ⅰ. ①直… Ⅱ. ①马… ②秦… Ⅲ. ①北极 – 普及读物 Ⅳ. ①
P941.62-49

中国版本图书馆CIP数据核字(2021)第070866号

责任编辑　章琢之　　徐建飞　　卢佳怡　　姚欢远
特约编辑　郑石平
装帧设计　陆　弦

"科学的力量"丛书（第三辑）
方　成　卞毓麟　主编
直面新北极——北极消融背后鲜为人知的故事
Brave New Arctic: The Untold Story of the Melting North
[美] 马克·赛瑞兹　著
秦大河　效存德　马丽娟　何　悦　徐新武　译

出版发行　　上海教育出版社有限公司
官　　网　　www.seph.com.cn
地　　址　　上海市闵行区号景路159弄C座
邮　　编　　201101
印　　刷　　上海华顿书刊印刷有限公司
开　　本　　890×1240　1/32　印张8　插页6
字　　数　　163 千字
版　　次　　2023年10月第1版
印　　次　　2023年10月第2次印刷
书　　号　　ISBN 978-7-5720-0603-6/G·0453
定　　价　　59.00 元
审 图 号　　GS(2020) 4540号

如发现质量问题，读者可向本社调换　电话：021-64373213

上海市版权局著作权合同登记号 图字09-2021-0132号